学生・技術者のための
ビッグデータ解析入門

高安美佐子
TAKAYASU MISAKO
編著

田村光太郎
TAMURA KOUTAROU

三浦 航
MIURA WATARU
著

日本評論社

まえがき

　21世紀，インターネット・携帯端末などを利用する社会インフラが整備され，またコンピュータの計算能力が劇的に進歩しています．そのような現代，科学の世界はもちろん，農業・工業・サービス業などすべての産業でビッグデータが重要なキーワードになっています．また，環境や医療の情報は，私たちが安心安全に暮らすための基盤になると期待されています．インターネットやコンピュータの発展により，人間社会の現象は詳細に観測できるようになってきました．たとえば，日々のニュースで必ず目にする為替市場のドル円レートは，決して安定することなく常にゆらいでいます．市場価格の上がり下がりを確率的に調べる研究は100年以上の歴史がありますが，近年入手できるようになった詳細な金融市場のデータは，1ミリ秒の時間分解能，市場参加者個々の注文などを含み，20年前と比べて100万倍くらいの情報量を含むようになっています．そのようなデータを分析すると，市場価格のランダムな変動は，液体中のコロイド粒子の運動と類似の現象として，定量的に観測できるようになってきました．

　同様に，企業に関するビッグデータを分析することで，経済活動の中で，企業同士がどのような相互作用をし，その結果，どのようにお金が流れていくのか，という問題に対しても，物理学の視点に基づいた方程式をたてることができるようになっています．その式をコンピュータで解くことにより，さまざまな状況下での経済予測のシミュレーションを行うことができるようになり，その成果はすでに実務に活用されています．また，ニュースやブログやtwitterを利用して，日々の書き込みから人間集団の感情の成分を定量化し，ビジネスに活用する試みも行われています．

　膨大なデータから有益な情報を抽出する技術を持つ人(データサイエンティスト)の活躍の場は，今後ますます増えていくことでしょう．このような時代のニーズの中で，自由自在にデータを分析できるようになりたいと思っている学生，技術者，実務家，研究者の方は多いのではないでしょうか．

　本書は，大学の教養の数学レベルを前提に，さまざまな方々が自習でデータ

の加工から，データの統計解析，さらにはデータの背後にある数理モデルを推定するために必要な知識が盛り込まれた教材です．パソコンを手元において，解説を読みながら演習問題を自分で解くことによって自習できるように配慮されています．

　統計ソフトを使ったことがある方は，ビッグデータが相手でもこれまでと同じように有益な情報を抽出できるだろうと思うかもしれません．しかし，ビッグデータを扱うには，三つの大きな壁があります．第1の壁は，データベース構築の壁です．膨大なデータを目的に合わせて加工し，解析しやすいように作り直すことです．第2の壁は，統計解析の壁です．考慮する変数の数が多すぎるために既存の解析手法を駆使しても明確な結果が得られないこともあります．また，誤った結論を導いてしまうことすらあるので，注意が必要です．そして，第3の壁は，モデル構築によるシステム理解の壁です．解析結果を踏まえてシステムの予測や制御に使えるレベルの数理モデルを構築するプロセスで，通常，この壁が一番苦労するところです．これらの壁を乗り越えることができれば，シミュレーションなどを通して，対象となるシステムを科学的に理解することができるようになり，データを私たちの生活の役に立つものにすることができるはずです．

　本書では，まず，ビッグデータを自在に加工する手法を身に付け，次に，解析プログラムを自作して，変数間に潜む相関や因果関係を推定するための技術を学びます．また，たくさんある変数間の複雑な相関や繋がりなどをモデル化するときに役に立つネットワーク科学を中心に，最新の研究成果を含めて代表的な数理モデルを紹介しています．

統計物理学からビッグデータ解析へ

　東京工業大学の私の研究室では，さまざまな分野のビッグデータに対し，情報学や統計学の知見から，第1の壁，第2の壁，そして，統計物理学・経済物理学という物理学の視点から，第3の壁に挑戦しています．これまで扱ってきたデータは，外国為替市場や株式市場の高頻度データ，国内約100万社の企業の業績や取引関係のデータ，コンビニチェーンのPOSデータ，ブログやツィッターの書き込み記事，人間の心拍数のゆらぎの時系列，神経細胞ネットワーク，腸内細菌の生態系，インターネットのパケット流量など多種多様です．な

ぜ，現在の物理学が，物質だけではなく，社会や経済の現象を対象とするビッグデータの研究に挑んでいるのか，その背景を少し説明しましょう．

統計物理学は，19世紀末から20世紀初頭にかけて，物質が原子や分子から構成されているという大発見とともに産まれて来た学問体系です．初期の統計物理学の代表的な研究には，相対性理論で有名なアインシュタイン (A. Einstein) のブラウン運動の理論があります．数百倍程度の倍率の顕微鏡で水の中を漂う微粒子であるコロイドを観測すると，まるで生きているかのように動き回る様子をみることができます．これが植物学者のブラウンが19世紀前半に発見したブラウン運動です．数十年の間，現象は知られていたのですが，誰も理由を説明できないまま迷宮入りしていたのですが，1905年，アインシュタインが，水は分子から構成されており，それらがぶつかる数のゆらぎでコロイド粒子がゆらゆらと動くのだという直観に基づいて現象を定式化しました．3年後，ペラン (J. B. Perrin) が理論を検証する実験を行い，アインシュタインの理論の正しさを証明し，後に，ペランは原子の存在を初めて実証した功績でノーベル賞を受賞しました．

原子や分子の存在が明らかになると，原子や分子レベルのミクロな運動方程式が構築され，物質の科学は飛躍的に発展しました．統計物理学の次の大きな課題は，相転移現象の解明でした．たとえば，水は，大気圧下では温度が0度より低いと氷という固体の状態であり，0度を越えると液体になり，そして，100度を越えると蒸気という気体の状態になります．一つ一つの分子 ("ミクロ") はまったく同じであり，同じ運動方程式に従って動いているのに，なぜ分子の集合としての "マクロ" の特性が大きく変化するのか，ということが大きな謎でした．相転移の研究は，20世紀中ごろに大きく進展し，今では，多くの物質に関する相転移現象に対して理論的な説明ができるようになっています．そこから確立された基本的な考え方は，ミクロな特性やその相互作用が完全にわかれば，マクロな特性は演繹的に導き出せるということです．

20世紀後半，統計物理学の研究対象が原子分子以外にも広がっていきました．統計物理学の概念や解析手法が，物質以外のさまざまな現象にも適用できる事例が発見されたからです．その新しい流れを大きく進めたのは，1975年，マンデルブロ (B. B. Mandelbrot) が提唱したフラクタルという概念でした．雲の形や自然の地形などのように，部分も全体も同じように複雑な凹凸を持つ

構造が，非整数の次元という数学的な量で記述できるというフラクタル理論は，自然科学の全分野に波及する大きなブームになりました．統計物理学の研究はフラクタル構造に関する研究成果をも取り込み，どのようにしてマクロなスケールのフラクタル構造ができるのかをミクロな動力学から導く研究が 21 世紀にむけて発展していきました．

マンデルブロが最初にフラクタルの概念を着想したのは，金融市場の価格変動の解析をしていたときだそうです．1990 年代になると市場価格の変動のフラクタル性に興味を持つ統計物理学者が現れてきました．一般に，金融市場価格の時系列変動は，一部分を拡大しても全体と同じような変動に見える"自己相似性"という特性を示しますが，その理由を明らかにしたいというのが 1990 年代当初の研究目的でした．このような流れは年々大きく成長し，個におけるミクロの性質を用いて，集団としてのマクロな現象を理解する研究は，経済物理学・社会物理学・複雑ネットワーク科学という研究分野に発展しました．現在のビッグデータ解析のブームにつながる研究は，前世紀末に統計物理学の分野で始まっていたのです．人間と社会の関係が産み出すビッグデータを丁寧に分析・統合することで，100 年前の原子の発見に相当するような大きな科学の展開があるのではないか，と私は期待しています．

ビッグデータ解析技術を身に付ける

私の研究室では，このような多様なビッグデータを臆することなく扱えるようになるために，研究室に入ってきた新入生 (出身学部は物理学，制御工学，生命科学，経済学，商学，機械工学，応用数学，情報工学などさまざまです) 向けに「高安研プログラミングゼミ」を毎年開催しています．4 月から全 15 回程度，週に 1 回，3 時間から 6 時間程度かけてしっかりと学びます．私の大学院生向けの講義「経済物理学」の内容をデータ解析やシミュレーションで理解すること，さらに，新しい研究室のテーマにも配慮して，カリキュラムを決め，資料を配付しながら行われます．企業でいうならば，入社した社員用の新人研修といったところでしょうか．ゼミのチューターは歴代の博士の学生が中心となって担当し，それをサポートするサブチューターも入り，毎年学生たち主体で組織立って運営されています．入学当初は，パソコンはメールやインターネットに使う程度だった学生も，研究室の先輩たちが受け継ぎ加筆してき

たテキストに従って演習を進めていくと，短期間でビッグデータを分析できるだけの基礎力を身に付けることができます．

　最近，このゼミの情報を人伝手で聞いた他大学の学生などからゼミに参加したいという希望の問い合わせなども増え，初めは個別に対応していました．しかし，データ解析技術を短期間で身に付けたいという多くのニーズに答える必要があると感じ，本書を執筆することにしました．本書は，この研究室『秘伝』のテキストをベースとして，チューターが口頭や黒板で伝えていた部分を文章化して本にしたものです．研究室の研究成果は毎年更新され，新しい解析方法や数理モデルが生まれてくるので，その時々，最先端の知識がゼミの中で実装され蓄積されてきました．このゼミ資料が，本書の原稿の元になりました．

　著者の2人は，最も近年のチューター経験者たちです．彼ら自身，修士として入学してきて，プログラミングゼミを通して本書の中の演習などにふれ，ビッグデータ解析をゼロから学んできました．その後，チューターとして何名もの新入生を指導してきた経験を持っています．本書を執筆するにあたりその元となったプログラミングゼミ資料の内容を精査し，一般向けの書籍用にわかりやすく書き直す作業をしました．初学者にとって，どこがわかりにくいのか，どう教えればうまく伝わるのかを自らの経験で知っているからこそ，そのノウハウを本書に取り入れることができたと思います．

本書の使い方

　本書は，随所に演習問題を配置してあります．読むだけでなく，是非，パソコンを用意して手を動かして演習問題をこなして下さい．チューターの代わりとして，研究室のホームページに演習の答えや見本のデータ，よくある質問に対する答えなどを用意しています（URLは，http://www.smp.dis.titech.ac.jp/book_bigdata.html）．独学でも学習を進められると思いますが，自主ゼミのような形式で，何名かでお互いに交代でチューター役になって読み進めていく方法も効果的です．一人だと些細なことにひっかかってなかなか先に進めなくなってしまうようなこともありますが，何人かで読めば，知識を補い合うことができ，迷子になる可能性はかなり低くなります．もし，それでも先に進めない部分があれば，それは本の方に責任がある可能性もあります．そのような所は，気付き次第，ホームページに追加の説明を付け加えるようにしま

す．本書を通して，一人でも多くの方に，生のビッグデータを自分で活用できるようになっていただければ，これに勝る幸せはありません．

　最後に，本書の完成にあたり，ご尽力いただいた皆様に感謝をいたします．日本評論社の筧裕子さん，小西ふき子さんには，企画の段階から沢山のご意見をいただき，また，なかなか執筆が進捗しないときも，辛抱強くアドバイスや励ましをいただき，著者一同，感謝いたしております．また，ゼミ資料などを整備してくださった高安研プログラミングゼミの歴代のチューターの方たちに多大な感謝をいたします．そのような地道な積み重ねが，今回の出版に至りました．特に，研究室の修了生および現役生である山田健太さん，佐野幸恵さん，渡邊隼史さん，由良嘉啓さん，河本弘和さん，山崎 航さん，佐藤和也さん，松崎剛史さんのご協力に感謝いたします．また，本書執筆中に著者たちを励まし，サポートして下さった研究室の事務補佐員の町田理香さん，本の校正に協力してくださった高安秀樹さん，高安伶奈さん，田村光平さんに感謝いたします．

2014 年 3 月

高安美佐子

目　　次

まえがき　　i

第1章　ビッグデータとは　　1
1.1　サイエンスにおけるビッグデータ　　1
1.2　経済物理学とその対象　　2
1.3　開発環境　　3
1.4　ファイルの操作方法　　8
1.5　グラフの描画法　　29

第2章　ビッグデータの整理　　35
2.1　ビッグデータの内容を確認するには　　35
2.2　ビッグデータを整理するには　　38

第3章　統計処理　　53
3.1　計算誤差　　53
3.2　統計の基礎　　59
3.3　確率密度関数・累積分布関数　　61
3.4　乱数　　72
3.5　分布と統計量　　89
3.6　仮説検定　　107

第4章　相関分析と回帰　　125
4.1　相関分析　　125
4.2　単回帰分析　　134
4.3　多変量の相関　　140
4.4　重回帰分析　　146
4.5　パス解析　　153

第5章　複雑ネットワーク解析　　157
5.1　ネットワークの表現　　158
5.2　ネットワークの可視化　　164
5.3　ネットワークの持つ基本特徴量　　169

5.4	ネットワークの生成と操作 ………………………………………	178
5.5	ノードの指標と順位付け …………………………………………	195
5.6	コミュニティ抽出 …………………………………………………	202
5.7	ネットワークの探索 ………………………………………………	209
5.8	ネットワーク上の輸送現象 ………………………………………	228

さらに進んだ内容を学ぶために	243
参考文献	248
索引	253

第1章 ビッグデータとは

本章では，近年注目されているビッグデータとはどのようなものか，おもにサイエンスの世界でビッグデータがどのように解析され，活用されているのかについて述べる．またビッグデータを実際に扱うときに必要となる，PC環境の構築やデータの操作方法についても説明していく．

1.1 サイエンスにおけるビッグデータ

近年,「ビッグデータ」という言葉が社会に浸透してきている．2011年のガートナー社 [1] によれば,「ビッグデータ」とは 3V すなわち Volume, Variety, Velocity で特徴付けられ，データの容量 (Volume) が大きく，種類 (Variety) がテキストデータに限らず多様 (画像や音声なども含む) であり，データの蓄積頻度 (Velocity) も多いというものである．現在，我々の周りはありとあらゆるデータであふれている．それは Facebook や Twitter などの SNS から，橋など建築物に埋め込まれたセンサーまで多岐にわたり，枚挙にいとまがない．こうして蓄積されてきたデータをビジネスに活用して，新たな知見を得ようという動きが盛んに行われている．

ビジネスでビッグデータを経営に活用しようという動きは，ここ数年で非常に活発になってきた．一方，サイエンスの世界では，十年以上前から金融市場のビッグデータを研究の対象としており，外国為替市場のレートの変動メカニズムを調べ，その変動率の確率分布を観測したことを始め，多くの議論が重ねられてきた．それに加え，近年はハードディスクの低価格化と，CPU の性能向上による計算速度の高速化に伴い，データの蓄積とそのデータを利用した計算およびシミュレーションを行うことが容易になり，ビッグデータを用いた研

究は増加の一途をたどっている．特に，蓄積された経済や社会のビッグデータを対象に，物理的な観点からデータ解析を行う科学分野を**経済物理学** [2–4] という．当分野では 1990 年代前半から，金融市場をはじめ外国為替市場やスーパー，コンビニの POS データ[1]，ブログ，企業データの解析などが行われてきた[2]．

本書で紹介するのは，そうしたビッグデータを統計的に解析する際に必要な知識や手法，技術であり，どのデータにも共通する普遍的なものである．本章では，経済物理学におけるビッグデータへのアプローチの方法や，ビッグデータを扱う際に必要な PC 環境の構築，コマンドラインからのデータファイルの操作方法などについて述べる．

1.2 経済物理学とその対象

経済物理学に限らず，データを用いてそこから何か知見を得るときには，

> データの解析
> → 特徴量の抽出
> → その特徴量を用いたモデル化
> → モデルの妥当性の検証

というプロセスをたどる．経済物理学では，データを用いて現象を観測 → 現象の数理モデル化 → シミュレーションなどによるモデルの妥当性の検証，という一連の流れを行う．次章以降で説明するのは，ビッグデータから意味のある情報を抽出する方法や，現象の数理モデル化の方法についてである．

研究対象のビッグデータに共通することとして，空間・時間的に広がりを持つという点が挙げられる．たとえば外国為替市場のデータでは，ドル円 (USD/JPY) レートだけではなくユーロドル (EUR/USD) やユーロ円 (EUR/JPY) など，多数の通貨ペアの時系列を持つ．それぞれの通貨ペアのレートは，各ディーラーの注文が市場に集約されて，売買が成立することにより決まる．データの粒度

---

[1] Point of Sales と呼ばれる，レシートに記載される購入商品や日時などの販売に関するデータ．

[2] 著者らの研究室では為替市場の変動安定性や，最適な商品仕入数の推定，Twitter やブログでのキーワードの書き込み数の予測，企業の売上高の推定などの解析を手がけてきた．

によっては，各時刻において各価格にいくつの売買注文が存在するかというところまで観測でき，あるレートに注目すればレートに積まれた注文数の時系列が，ある時間に注目すれば各時刻における注文数の分布 (いわゆる板情報) が観測できる．

また POS データなどでは各店舗，各商品について売上数の時系列データを個別に見ることができる．よって，それらの動きの相似性から，たとえばビールとおつまみが一緒に買われやすいなど，商品間・店舗間の相関関係について議論することができる．Twitter のデータにおいても，個人のツイートやキーワードなどの時系列や，ユーザ間のリツイートで形作られるネットワークに着目することで，流行やデマの伝播の特徴を定量的に理解することができる．

これらは一例であるが，ビッグデータを解析することで複数の時系列や，各々の要素の関係性を観測することができる．前者の理解には統計解析の知識が必要であり，後者の理解には複雑ネットワーク解析の知識が必要となる．本書では，1, 2 章でデータを扱う技術について，3, 4 章でデータを解析する際に必要な統計の知識と計算機上での実装について，5 章で複雑ネットワーク論について説明する．

1.3 開発環境

本節ではビッグデータを解析するのに必要な環境を準備する．高度な解析やシミュレーションなどであれば，それ相応のサーバやワークステーションが必要であるが，データの一般的な解析だけならば個人の PC でも十分に行うことができる．少なくとも本書で登場する解析手法は，そういった特殊な環境を用意しなくても行うことができるよう配慮した．

データ解析は通常の Windows, Mac の PC に UNIX 環境を用意し，その上でシェルスクリプトや C 言語，awk, sed などの言語を用いて行う．Windows と Mac で多少環境が異なるので，それぞれ別に説明する．以降インストールするソフトウェアは，特に断らない限りすべてフリーウェアである．

1.3.1 Windowsの場合

WindowsでUNIX環境を構築するには，Cygwinを用いる．Cygwinをインストールするにはサイト[3)]から，Install Cygwinのページに進み，32ビットか64ビット(自分のPCに合ったものを選択する)のsetup.exeをダウンロードする．setup.exeを実行し次に進んでいくと，最後にインストールするパッケージを選択することができる(図1.1). DefaultのままだとエディタのEmacsやVim, 統計解析ソフトのR, コンパイラのGCC, ウィンドウシステムのX11など，必要にもかかわらずインストールされないパッケージがあまりに多い．そこでAudioやGames, Mailなど，明らかに必要のない項目以外は"Install"にするのがよい．また，Cygwinのインストール後であってもsetup.exeをもう一度実行することで，現在のパッケージインストール状況を把握した上で，パッケージの再インストールやアンインストールを行うことができる．したがってインストールするパッケージの選択画面で，デフォルトのまま(つまりAllがDefaultの状態)インストールして，後から必要なパッケージを随時追

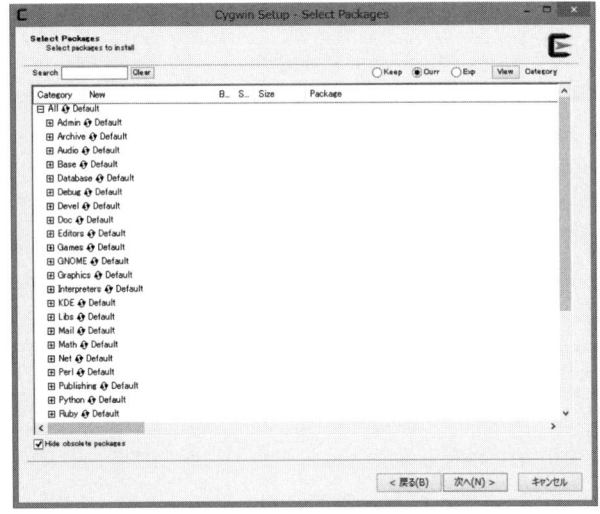

図 1.1　Cygwinインストール時のパッケージ選択画面.

[3)]URLは，http://www.cygwin.com

図 1.2 Cygwin 起動時の画面.

加していくということもできる[4]．インストールが終了するとデスクトップにショートカットができるので，そこから Cygwin を起動する．Cygwin のターミナルを立ち上げ (図 1.2)，コマンドなどを打ち込んでいくことでさまざまな作業が可能となる．

1.3.2 Mac の場合

Mac の場合は，アプリケーションのユーティリティフォルダ内に存在する，ターミナルというアプリケーションを使う (図 1.2)．Windows における Cygwin と同様，ターミナルにコマンドを入力したり，シェルスクリプトをターミナル上で動かすことで，UNIX 環境で作業を行うことができる．

Mac の場合は別途 MacPorts をインストールしておくとよい[5]．これはUNIX 用のソフトウェアやパッケージを簡単にインストールできるもので，ターミナル上でいくつかのコマンドを打つことにより，ImageMagick などさまざまなソフトウェアをインストールすることができる．その都度必要なソフトウェアの配布先のサイトに行ってパッケージをダウンロード，インストールするという手順を踏む手間が省ける．特にデフォルトのターミナルだけで

---

[4]ただし，必要とするパッケージがどの項目に含まれるのかを探すのは大変である．Macにおける MacPorts と同様に，Cygwin でも apt-cyg というものが存在する．

[5]MacPorts-JP (http://macports-jp.sourceforge.jp/wiki/index.php) がインストールの際に参考になる．

は，文字コードの変換で使う nkf や，awk の一部の関数を使うことができない．MacPorts をインストールし，これらのパッケージをインストールすることにより，nkf や awk の拡張版である gawk をターミナルで使うことができるようになる．同様のパッケージ管理ソフトウェアとしては Fink や，最近だと Homebrew [6]というものがある．それぞれに特徴があるが基本的には好みで選べばよいので，比較検討をした上で使えばよい．

MacPorts はサイト[7]の Installing MacPorts から，自分の OS バージョンに適したインストーラーをダウンロードする．後はそれを通常のアプリケーションのときと同じように，展開してインストールするだけである．

ターミナルで MacPorts を使い，パッケージをダウンロードおよびインストールするには，

```
$ port search [パッケージ名]
```

とターミナルに入力し ($は入力しなくてよい)，目的のパッケージが MacPorts に存在するかどうか検索する．この段階では検索しているだけなので，パッケージ名の一部のみであっても構わない．目的のパッケージが MacPorts に存在するようならば，

```
$ sudo port install [パッケージ名]
```

でパッケージをインストールする．ここで `sudo` は管理者権限でのコマンドの実行，`port` は MacPorts を用いる際に使うコマンドである．

1.3.3 その他のソフトウェア

Cygwin やターミナルを導入することで，ある程度の作業は UNIX コマンドを用いてできるようになる．しかし，グラフの作成やデータの統計処理など，Cygwin やターミナルだけではできないことも多い．本項ではビッグデータを解析する際に必要となる代表的なソフトウェアとして，グラフの作成に必要な gnuplot と，統計解析ソフトの R のインストールについて説明する．

---

[6]Fink, Homebrew の URL はそれぞれ，`http://fink.thetis.ig42.org` と `http://brew.sh`

[7]URL は，`http://www.macports.org`

gnuplot のインストール

gnuplot[8]はグラフの描画ソフトであり，データの解析結果を表示するときに使用する．データの内容を直感的に把握するには可視化が効果的であり，単純に時系列などを描画するだけでも，得られる情報は多い．gnuplot は Excel のグラフ描画機能とは違い，コマンドラインで操作するソフトウェアであり，多様なプロットが可能である．それゆえに使用する機会も比較的多い．同様のグラフ描画ソフトウェアとしては，Igor や KaleidaGraph などがあるが，これらは有料である．

Mac で MacPorts がインストールしてあるなら，

```
$ sudo port install gnuplot
```

でターミナルに gnuplot がインストールできる．インストール時には gnuplot だけではなく，gnuplot の実行に必要な他のパッケージもインストールされる．

```
$ port info gnuplot
```

とすることでパッケージの詳細を表示し，Dependencies の項で同時に必要なパッケージを確認できる．R など短い名前のパッケージのインストールで，`port search` とすると名前に r を含むパッケージがすべて表示されるので，このような場合も `port info` として詳細を確認する．

Windows で Cygwin を使っている場合には setup.exe を実行し，最後のインストールするパッケージの選択画面で，Graphics パッケージの gnuplot を Install に変更する (デフォルトでは Skip になっておりインストールされない) ことで，Cygwin に gnuplot をインストールすることができる．

R のインストール

R とは統計解析ソフトの一つであり，さまざまな統計関数の使用や検定を行うことができる．また，パッケージも豊富なので，R を使用することで，通常のデータ解析のほとんどは可能である．しかし for 文などの実行速度が遅いので，シミュレーションなどには C/C++ 言語を用いる方がよい．基本的に R に

---

[8]発音はニュープロットである．

よる処理は，C やシェルスクリプトなどと比べると著しく遅く，ビッグデータの解析にはあまり向いていない．前もってデータの処理を行い，ある程度ファイルサイズを小さくしてから，統計解析を行うときなどに R は用いられる．

R のインストールは，ホームページ[9]の中央にある "download R" からミラーサイトを選択して行うことができるので，日本のサイトを選択してダウンロードするとよい．MacPorts から，

```
$ sudo port install R
```

でターミナルに R をインストールすることもできる．Cygwin の場合には setup.exe を実行し，パッケージの選択画面で Science パッケージの R を Install に変更する．

R を GUI のアプリケーションとしてではなく，ターミナルや Cygwin 上で動かせるようにすることの利点としては，シェルスクリプトでも R を動かすことができるようになることが挙げられる．すなわち，R を単独ではなく他の UNIX コマンドなどと組み合わせることで，UNIX コマンドを用いてある処理をしてから R に解析させるなど，より多様で高度なデータ解析が可能となる．

1.4　ファイルの操作方法

本節では UNIX コマンドを用いた，データファイルの操作方法について述べる．OS 上でファイルを操作する場合には，マウスやトラックパッドによる操作で構わない．しかし一つのファイルだけではなく数百，数千という数のファイルを操作する場合には，UNIX コマンドによる操作などが必要となる．また UNIX コマンド以外にも，C 言語や R によるデータファイルの読み込みや，書き出しなどの方法についても述べる．データの編集方法などについては次章で述べる．

1.4.1　UNIX コマンド

データファイルを操作する場合，まずそのファイルが置いてあるディレクトリ[10]に，Cygwin やターミナルのウィンドウ上で移動することが必要になる．

---

[9] URL は，http://www.r-project.org
[10] フォルダとほぼ同義と考えて問題ない．

また移動はしなくとも，ファイルの置いてあるディレクトリの場所を指定する，ということが必要になる．ここではまず，ディレクトリの位置の指定方法である絶対パス，相対パスについて述べる．次にディレクトリ内のファイル名の表示 (ls)，ディレクトリ間の移動 (cd)，ファイルの移動 (mv)，ファイルの複製 (cp)，ファイルの削除 (rm)，ヘルプの参照 (man) について述べ，最後に UNIX でファイル名の表現に必要なワイルドカードについて説明する．

絶対パスと相対パス

絶対パスと相対パスとは，ディレクトリやファイルの場所の指定方法である．絶対パスはルートディレクトリからの位置，相対パスはユーザが今作業をしているカレントディレクトリからの位置を示す．ルートディレクトリとは一番上の階層にあるディレクトリであり，カレントディレクトリとはターミナルウィンドウが現在いるディレクトリである．カレントディレクトリの絶対パスは pwd で示される．

```
$ pwd
/Users/user1/Desktop
```

pwd で，カレントディレクトリが Desktop である (つまりデスクトップのファイルを操作することを念頭においている) ことを示している．ルートディレクトリの下に Users，その下に user1，さらにその下に Desktop のディレクトリが階層的に存在していて，ファイルの位置を，国 → 県 → 市 → 町…と，住所のように指定していることがわかる．

絶対パスではルートディレクトリから操作対象のファイルまで，経由するディレクトリ名をすべて記述するため煩雑である．一方で，相対パスでは，カレントディレクトリの一つ上の親の階層をピリオド二つ「..」で，一つ下の子の階層をそのフォルダ名で表す．

カレントディレクトリが Desktop で，絶対パスが先ほどと同様に /Users/user1/Desktop だとすると，Desktop から見た user1 は ..，Users は ../.. という相対パスで表せる．もし user1 のフォルダ内に Documents というフォルダがあるとすれば，Desktop と Documents は同じ階層 (user1 の直下) に存在し，Desktop から Documents への相対パスは ../Documents となる．

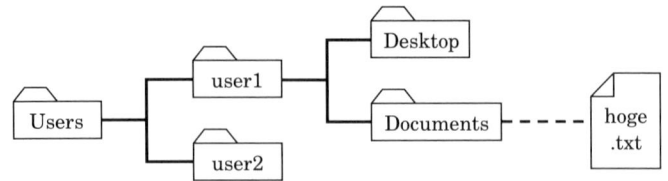

図 1.3 ディレクトリ構造の概念図．ルートディレクトリ "Users" を基点として，"hoge.txt" の場所を指定するには，/Users/user1/Documents とたどればよい．これを絶対パスという．カレントディレクトリが/Users/user1/Desktop ならば，この場所から見た "hoge.txt" の場所は ../Documents となる．これを相対パスという．

Documents フォルダ内に hoge.txt というファイルが存在するとすれば，デスクトップからこのファイルを操作するときは相対パスを用いて，

$ [command] ../Documents/hoge.txt

というようになる．command は任意のコマンド名を表す．

このようにパスを用いてファイルやディレクトリの位置を示すことで，これから説明する UNIX コマンドにより，任意の階層のデータファイルの操作が可能となる．以降，操作するファイルの指定には，そのパスも含めて記述するものとする．操作対象のファイルがカレントディレクトリ内に存在する場合のみ，パスを記述する必要はない．すなわち Documents フォルダ内にいるときに，Documents フォルダ内のファイル hoge.txt を操作するには，

$ [command] hoge.txt

と，そのファイル名を記述するだけでよい．

ディレクトリ内の表示 (ls)

ls は，ディレクトリ内に存在するファイルやディレクトリを表示するコマンドである．ディレクトリ内にあるファイルを確認したり，パス名を正確に知る際に使う．オプションとしては -l で詳細を表示，-a で隠しファイルも含めて表示，などがある．先ほどの相対パスを用いて

```
$ ls ..
```

とすることで，カレントディレクトリ以外のディレクトリ (ここでは一つ上の階層のディレクトリ) の内容を表示することもできる．

次章で説明する grep (p.45) と，ls をパイプ | で組み合わせて，ファイルを検索するということもできる．

```
$ ls | grep "pattern"
```

これは ls でカレントディレクトリ内のファイル (ディレクトリも含む) の一覧を表示し，grep でその中から pattern に一致する名前のファイルを抽出している．たとえば pattern の部分を拡張子名に変えれば，その拡張子を持つファイルを抽出できる．

ディレクトリ間の移動 (cd)

ファイルの操作や編集を行う場合，そのファイルが存在するディレクトリをカレントディレクトリとして作業するのが一般的[11]である．そこでまず作業をするときに一番最初に行うのが，ディレクトリ間の移動である．cd はこのときに用いられるコマンドであり，

```
$ cd 目的のディレクトリのパス
```

で目的のディレクトリに移動する．

ディレクトリのパスは，絶対パスと相対パスのどちらでもよい．相対パスを用いた場合，cd .. で一つ上のディレクトリに，cd ../.. で二つ上のディレクトリに移動し，cd directory でカレントディレクトリの直下に存在する，directory という名称のディレクトリに移動する．たとえば，カレントディレクトリがデスクトップ (Desktop) の場合，

---

[11] カレントディレクトリ内にないファイルの操作には，パスの記述が必要になる．

```
$ pwd
/Users/user1/Desktop
$ cd ..
$ pwd
/Users/user1
$ ls
Applications Desktop Music Documents Library
$ cd Documents
$ pwd
/Users/user1/Documents
```

とすることで，Desktop と同じ階層にある Documents へ移動できる．ここでは相対パスを用い，cd .. で Desktop から一つ上のディレクトリ user1 に移動し，ls で user1 内にあるファイルとフォルダを確認した上で，Documents へ移動している．また，その都度 pwd でカレントディレクトリの絶対パスを確認している．Desktop から Documents への移動は，cd .. と cd Documents を合わせて，cd ../Documents でもできる．指定したディレクトリが存在しない場合には何もしないので，ディレクトリ名を間違えると移動できない．cd だけだとホームディレクトリに移動する．

　パスを記述する際には，ディレクトリ名を途中までタイプして tab キーを 2 回押すことにより，候補のディレクトリ名がサジェストされる．また，フォルダやファイルをターミナル画面上にドラッグドロップすることで，その絶対パスが記述される．したがって実際にはパスをタイプする必要はなく，cd をタイプした後に目的のフォルダを Cygwin やターミナル上にドラッグドロップすればよい．

ファイルの移動 (mv)

　ディレクトリ間のファイルの移動には mv を用いる．

```
$ mv file 目的のディレクトリのパス
```

とすることで，file という名前のファイルを，目的のディレクトリに移動

することが可能である．たとえばカレントディレクトリ直下のディレクトリ，starchildフォルダにmomoclo.csvというファイルを移動する場合，

```
$ mv momoclo.csv starchild
```

となる．これによりカレントディレクトリ内のmomoclo.csvは，starchildフォルダ内に移動する．cdがカレントディレクトリの移動，すなわち作業場所の移動であるのに対し，mvは作業対象のファイルを移動させる．

　ファイルの指定にパスを用いることで，カレントディレクトリに存在しないファイルを移動することも可能である．先ほどstarchildに移動させたmomoclo.csvをカレントディレクトリに戻す場合，

```
$ mv starchild/momoclo.csv .
```

とすることで，ファイルは元通りカレントディレクトリに移動する．これはパスを用いて，starchildディレクトリ内のmomoclo.csvを，カレントディレクトリ(ピリオドで表される)に移動させている．

　ディレクトリ名ではなくファイル名を指定すると，そのファイル名に変更される．

```
$ mv momoclo.csv stacha
```

として，stachaというディレクトリがカレントディレクトリに存在する場合は，momoclo.csvはstacha内に移動する．しかしstachaがカレントディレクトリに存在しない場合は，momoclo.csvはstachaというファイル名にリネームされる．もしstachaという名前の別のファイルが存在する場合は，上書きされるので注意が必要である．こうした意図しないファイルの上書きを防ぐためには，-iオプションを使用する．

ファイルの複製 (cp)

　ファイルの複製にはcpを用いる．カレントディレクトリ内に複製する場合，

```
$ cp file1 file2
```

とすることでfile1がfile2という名称で複製される．カレントディレクトリ以外に複製する場合，

```
$ cp file1 目的のディレクトリのパス
```

とすることでfile1が目的のディレクトリに，file1という名称で複製される．また，

```
$ cp file1 目的のディレクトリのパス/file2
```

とすると，目的のディレクトリにfile2という名称で複製することが可能である．
　file2という名前のファイルがすでに存在する場合は，そのファイルが上書きされる．-iオプションを用いることで，ファイルを上書きするかどうかの確認を求められる．

ファイルの削除 (rm)

　ファイルの削除にはrmを用いる．

```
$ rm file
```

とすることで，カレントディレクトリ内のfileを削除する．ディレクトリごと削除する場合には-rオプションを用いる．-iオプションを付けることで，削除する前に確認をすることもできる．他のコマンドと同様に，ディレクトリのパスを用いることで，カレントディレクトリ内にないファイルを削除することもできる．
　rmコマンドでファイルを削除するとゴミ箱にもファイルは残らないので，間違ってrmしたファイルを復元するのは，バックアップをとっていない限り無理である．mvやcp, rmを使う際には-iオプションを用いて，mv -i, cp -i, rm -iなどとするのがよい．

ヘルプの参照 (man)

いままで説明したコマンドのオプションを確認するなど，各コマンドのヘルプを参照するには man を用いる．

```
$ man [command]
```

とすることで，command のヘルプ[12]が見られる．less などコマンドによってはその他のヘルプの参照法もある．MacPorts なども man port とすることでヘルプを参照できる．

ワイルドカード

項の最初にも述べたが，これまで紹介した UNIX コマンドはマウスなど，OS の GUI でも可能な操作ばかりである．これらのコマンドはシェルスクリプト内で用いたり，大量のファイル操作に用いられることで意味を持つ．フォルダ内で連続していない大量のファイルを選択するなど，その操作はマウスでは面倒である．また大量のデータファイルが存在する場合，そのファイル名は何らかの命名規則 (ファイルを生成した日付や時刻など) に従っている場合が多い．こうした命名規則に基づいて作られたファイルを表現するために，UNIX で使われるのがワイルドカードである．正規表現と似ているが異なるものなので，注意が必要である．

ワイルドカードでよく使うのは次の二つである．

- ?　任意の一文字を表す．
- *　任意の文字列を表す．

さほど複雑な操作を行わない限り，必要なのはこれだけである．*で任意の文字列を表すことができるので，たとえばディレクトリ内に momo から始まるファイルが momoclo.csv しかない場合，momo*とすることで momoclo.csv を指定できる．先ほどと同じような例で言うと，

---

[12] ただし試してみればわかるが英語で表示される．

```
$ ls
Applications Desktop Music Documents Library
$ cd Mu*
$ pwd
/Users/user1/Music
```

というように，Mu で始まるディレクトリは Music しかないので，ワイルドカードを用いることで記述を省略できる[13]．また *.pdf や *.csv などとすることで，ディレクトリ内のすべての PDF や CSV ファイルを指定することができる．カレントディレクトリ内に，text130101.csv から text131231.csv までのファイルが存在するような場合には，text13????.csv とすることで，すべてのファイルを指定することができる．

1.4.2 シェルスクリプト

シェルスクリプトとは，UNIX コマンドをまとめて記述したスクリプト，すなわちプログラムである．シェルスクリプトにファイルの操作や編集内容をまとめて記述することで，それらの内容を一度に実行することができる．元データから同じようなデータをいくつも生成したり，編集内容の一部を変更してまた作業をやり直すときに，最初からほとんど同じ UNIX コマンドを逐次入力するのは大変である．また元データを成形して，統計解析が可能なデータを生成するときに，元データをどのように編集して解析対象のデータができたのか，その編集履歴や中間のデータ内容がわからないと困ることがある．このために，データファイルの操作・編集内容をシェルスクリプトとして残すことは重要である．

シェルスクリプトは Cygwin やターミナル上で動かすことができる．まず，テキストエディタで hello.sh という名前で，以下の内容をカレントディレクトリに保存する．

---

[13] この場合 tab キーをタイプするだけでも，Music という入力が補完される．

```
#!/bin/bash
echo "Hello, world!"
```

次に hello.sh を以下のように実行すると，

```
$ ./hello.sh
Hello, world!
```

という出力結果を得る．hello.sh のアクセス権限[14]によっては実行できないので，アクセス権限を変更し，ユーザに hello.sh の実行権限を与える．

```
$ chmod u+x hello.sh
```

chmod はファイルのアクセス権限を変更し，書き込みや読み込みの権限を与えるコマンドであり，ここではユーザ (u) に hello.sh の実行権限 (+x) を与えている．
　hello.sh は Cygwin やターミナル上で，

```
$ echo 'Hello, world!'
Hello, world!
```

とするのと同じである．
　シェルスクリプトの一行目には，"#!" に続けてどのシェルで実行するかという，シェルのパスを記述[15]する．シェルのパスは，

```
echo $SHELL
/bin/bash
```

と $SHELL 変数を表示することで確認できる．echo は UNIX コマンドにおける print 文であり，変数やダブルクォーテーション内の文字列を画面上に表示する．

---

[14] ls -l の 1 列目で確認することができる．
[15] これをシバン (shebang) と呼ぶ．

シェルスクリプトには，1行目に用いるシェルのパスを#!に続けて書いた後，2行目以降は目的の操作内容を UNIX コマンドで書いていけばよい．たとえば，カレントディレクトリに momoclo.csv というファイルが存在し，このファイルを momoclo1.csv から momoclo10.csv まで複製することを考える．これはシェルスクリプト中で for 文を用いることにより，次のようになる．

```
#!/bin/bash
for((i=1;i<=10;i++))
do
cp momoclo.csv momoclo${i}.csv
done
```

シェルスクリプトでは，変数を表示するときには${変数}という形式で表す．中括弧{}はなくてもよいが，前後の記述と区別できない場合には，どこまでが変数名なのかわからなくなるので必要である．また変数へ値を代入するときにはイコール (=) を用いる．

　上の例では i=1 のときに，momoclo${i}.csv は momoclo1.csv を示す．また do と done の間の記述が，for 文によって繰り返される．したがって cp を用いて，momoclo.csv が momoclo1.csv から momoclo10.csv まで複製されている．このようにして，作業の自動化がシェルスクリプトを通じて行われる．ちなみに生成した momoclo1.csv から momoclo10.csv を削除するには，ワイルドカードを用いて

```
$ rm momoclo?*.csv
```

とする．ワイルドカードで「?*」は，一文字以上の任意の文字列を表す．「?」がない momoclo*.csv だと，元ファイルの momoclo.csv まで削除されるので注意が必要である．「*」がない momoclo?.csv の場合には，momoclo.csv と momoclo10.csv が削除されず，フォルダ内に残る．

リダイレクトによるファイル出力

　データを操作したり編集した場合，画面に内容を表示するのではなく，編集後のファイルを保存する必要がある．UNIX コマンドやシェルスクリプト中に

おいて，ファイルの保存を可能にするのがリダイレクトである．リダイレクトを用いることで，ウィンドウ内に結果を書き出すのではなく，ファイルに出力結果を保存することが可能になる．リダイレクトは"`>`"を用いて行われる．

```
$ echo 'Hello, world!' > hello.txt
```

Hello, world!という文章が，カレントディレクトリに hello.txt というファイル名で保存される．その他にもフォルダ内のファイル名の一覧を作りたいときなどは，

```
$ ls > file_list.txt
```

とすると，カレントディレクトリにあるファイル名がすべて file_list.txt に書き出される．

1.4.3　C言語

　何らかのプログラミング言語を覚えてプログラミングをすることは，現象をモデル化してシミュレーションを行う場合や，既存の手法に頼らない自由なデータの解析を行うために必須である．ここでは3章以降の内容を実行するのに必要な，C言語の知識 [5] をサンプルプログラムを中心にして説明する．

コンパイルとは

　C言語のプログラムは機械語に翻訳しなければ，実行することができない．C言語やFortranのようなプログラム言語を，機械語に翻訳するソフトをコンパイラという．コンパイラはプログラム言語ごとに異なり，C言語だとGNUコンパイラ (gcc), Borlandコンパイラ (bcc32), インテルコンパイラ (icc) などいくつかの種類がある．導入に費用がかからないGNUコンパイラについて解説する．

コンパイルの流れ

　プログラムをコンパイルし実行する流れを，hello.c という下記のプログラムで見てみよう．

```
#include<stdio.h>
#include<math.h>

int main(void) {
    printf("Hello, world!\n");
    return 0;
}
```

テキストエディタなどを用いて，まったく同じ内容を hello.c というファイル名で保存する．その後，ターミナルもしくは Cygwin 上で cd コマンドを使い，hello.c が置いてあるディレクトリに移動する．次にこの hello.c を，hello.exe という出力ファイルとしてコンパイルする．

```
$ gcc -O3 -lm -o hello.exe hello.c
```

このようにタイプすることにより，カレントディレクトリに hello.exe が生成される．この hello.exe が hello.c の実行ファイルである．"-O3"，"-lm"，"-o hello.exe"，"hello.c" の順番は前後しても構わない．生成された実行ファイル，hello.exe について

```
$ ./hello.exe
```

とタイプすると hello.c のプログラムが実行され，

```
Hello, world!
```

と表示される．これがコンパイルにおける一連の流れである．

コンパイラのオプションの意味について説明する．コンパイルの際にオプションを指定していくことで，コンパイルの方法を細かく変えることができる．

- -O3：最適化オプション．最適化をかけることで，プログラムの計算速度が速くなる．この 3 は最適化レベル 3 という意味で，レベル 2 なら -O2 とする．最適化しすぎると計算結果が想定外のものになる可能性がある

ので，小規模なプログラムで結果を確認しながら，注意して使う必要がある．もちろん最適化を行わなくても構わない．

- -o：実行ファイル名を指定する．このオプションを使わないデフォルトだと，実行ファイル名は a.exe (Windows) や a.out (Mac) となる．
- -lm：数学ライブラリ，math.h を使用するときに使うオプション．実際にはターミナルや Cygwin では，-lm としなくても math.h を include してくれる．また hello.c のケースでは数学関数を使用していないので，このオプションを使う必要はない．

3.4 節で紹介するメルセンヌツイスタによる乱数の利用など，複数のファイル (ここでは hello.c と dSFMT.c とする) をコンパイルしなければいけない場合には，次のように並べて同時にコンパイルする．

```
$ gcc -O3 -lm -o hello.exe hello.c dSFMT.c
```

hello.c と dSFMT.c の順番は前後しても構わない．

また，hello.c のプログラム自体についても説明しよう．

- 初めの 2 行で必要なライブラリ (stdio.h と math.h) を記述．必要なライブラリを#includeすることで，そのプログラム中で関数や命令を使うことができるようになる[16]．stdio.hは標準入出力 (ここでは printf 文) に必要であり，毎回 include されるライブラリである．
- mainの後の中括弧{}の間にプログラムを記述する．
- 4 行目はprintfにより，"Hello, world!"と出力する．"\n" は改行記号 (Windows ではバックスラッシュではなく ￥ マーク) で，これがないと改行されない．
- プログラム 1 行の終わりに";"を書く．
- 最後にreturn 0;と書くことで，プログラムを終了させる．

以降のプログラムでは，main 関数だけを記述する．ライブラリ stdio.h 以外も include する必要がある場合は，その都度示す．

---

[16]ただし，hello.c の場合，数学関数を使用していないので，math.h はなくてもよい．

整数の処理

[int 型を用いた整数の計算]
```
int main(void) {
    int i1 = 1, i2 = 2, i3;
    i3 = i1 + i2;
    printf("%d たす %d は %d. \n", i1, i2, i3);
    return 0;
}
```

[出力例]
```
$ gcc -o test.exe test.c
$ ./test.exe
1 たす 2 は 3.
```

実数の処理

[double 型を用いた浮動小数点数の計算]
```
int main(void) {
    double d1 = 1.2, d2 = 3.3, d3;
    d3 = d1 + d2;
    printf("%f たす %f は %f. \n", d1, d2, d3);
    return 0;
}
```

[出力例]

1.200000 たす 3.300000 は 4.500000.

while ループによる繰り返し

[while による繰り返し操作]
```
int main(void) {
    int i = 1;
    while(i <= 5) {
        printf("%d ", i);
        i = i + 1;
    }
    printf("\n");
    return 0;
}
```

[出力例]

1 2 3 4 5

for ループによる繰り返し

for 文を用いて while と同様に繰り返しを行う場合，上のプログラムの `while` の部分 (3 行目: while〜6 行目: }) が次の内容に置き換わる．

```
for(i = 1; i <= 5; i++) {
    printf("%d ", i);
}
```

出力結果は，while ループの場合と同じになる．また for ループでは，`i` の初期値を最初のセミコロンの前で指定することができる (ここでは 1) ので，while ループのようにあらかじめ値を代入しておく必要がない．

上記のような簡単な例では，while と for どちらを用いてループを記述しても構わない．しかしループを何回繰り返すか事前にわからない場合 (ループ変数のインクリメントが if 文の条件分岐に依存する，ファイルの読み込みを行う，など) は，while ループを用いるとよい．

if 文による条件分岐

```
int main(void) {
    int i = 1;
    /* if の条件式は，"="ではないことに注意 */
    if(i == 1) printf("この文章が表示されます\n");
    else printf("この文章は表示されません\n");
    return 0;
}
```

[出力例]

この文章が表示されます

配列の動的確保 (malloc, calloc)

　PC の環境にもよるが，配列を使うときに何百万という要素の配列が必要になると，普通に配列を確保した場合には Segmentation Fault (メモリが確保できない) が起こり，プログラムは実行できない．そこで必要なのが malloc と calloc である．malloc が配列を確保してくれるだけなのに対して，calloc では確保した配列の初期化 (各要素の値を 0 にすること) もしてくれる．

```
#include<stdio.h>
#include<stdlib.h> /* malloc, calloc を使うのに必要 */

int main(void) {
    int i; double *price;
    price = (double *)malloc(150000 * sizeof(double));
    for(i = 0; i < 150000; i++){
        price[i] = 0; /* price の初期化 */
    }
    free(price); /* 確保したメモリを解放 */
    return 0;
}
```

このように，malloc や calloc を用いて明示的にメモリを確保することで，大規模な計算が可能となる．また確保したメモリは，最後に free を用いて開放する必要がある．calloc を使う場合には，上の例で malloc を使っている行を次のように変更する．

```
price = (double *)calloc(150000, sizeof(double));
```

calloc では引数が，確保する要素数とそのサイズの二つになる．また，malloc の場合に行った，配列に 0 を代入する操作 (初期化) は必要ない．

ファイル入力

ファイルからデータを読み込むときは，fscanf を用いる．指定された区切り文字や列数が，データと一致していないと読み込むことができないので，注意が必要である．また文字列は %s で読み込めるが，文字列中にスペースなどが登場するとそこまでしか読み込めないので，文字列の読み込みには向いていない．数値以外のファイルの読み込みには，2.2 節で説明する awk などを用いる方がよい．

```
#include<stdio.h>
#include<stdlib.h>

int main(void) {
    int i=0; double a, b, c, *price;
    FILE *FP; /* ファイルポインタを用意 */

    price = (double *)malloc(150000 * sizeof(double));
    if((FP = fopen("Dealbid2005.txt", "r")) == NULL) {
        printf("ファイルを開けないときに表示\n");
        exit(1); /* その場合は終了する */
    }
    /* ファイルの終端 (EOF) に到達するまで読み込む */
    while (fscanf(FP,"%lf\t%lf\t%lf\n", &a, &b, &c) != EOF){
```

```
        price[i] = c;
        i++;
    }
    fclose(FP);  /* 読み込みが終了したらファイルを閉じる */
    free(price);
    return 0;
}
```

上記プログラムで，`Dealbid2005.txt` がカレントディレクトリに存在しないなど，ファイルが開けない場合はファイルポインタ FP が NULL になり，プログラムはエラーを返して終了する．また fscanf を用いている部分では，while ループによりファイルの終端 (EOF で表される) を読み込むまで，一行ずつ fscanf を繰り返す．

ファイル出力

ファイルへの結果の書き出しは，fprintf を用いて行う．書き出す先が標準出力からファイルになるだけで，printf と使い方はまったく同じである．

```
int main(void) {
    FILE *FP;  /* ファイルポインタを用意 */

    if((FP = fopen("Morning.txt", "w")) == NULL) {
        /* 読み込みは r，書き出しは w */
        printf("同名のファイルがあると上書きされる\n");
        exit(1);
    }
    fprintf(FP, "%s\n", GoodMorning!);  /* 文字列は%s */
    fclose(FP);  /* 書き出しが終了したらファイルを閉じる */
    return 0;
}
```

[Morning.txt への出力例]

GoodMorning!

1.4.4 統計解析ソフト R

R はデータの統計処理に使われるソフトで，関数やライブラリを用いることで非常に多彩な解析が可能となる．R の使い方については，R-Tips [17)]や RjpWiki [18)]などに詳しく書いてある．また R についての本 [6] も多数出版されているので参考にしてほしい．ここでは，最低限の操作として R へのファイルの読み込み・書き出し方法と，シェルスクリプトから R を動かす方法について述べる．

ファイルの読み込み

ファイルの読み込みには read.table 関数を用いる．たとえば data.csv というファイルを，x という変数に読み込む場合には次のようになる．

```
x <- read.table("data.csv")
```

これで data.csv の 1 列目が x[,1] に，2 列目が x[,2] に格納される．read.table はデフォルトで，スペース区切りのファイルを扱う．ファイルの区切り文字がカンマの場合には，

```
x <- read.table("data.csv", sep=",")
```

と sep=""で指定する．タブ区切りの場合には，sep="\t"となる．

読み込むファイルの 1 行目が項目名やコメントなどの場合，skip で数字を指定すると，最初の行から指定した行数まで無視してくれる．

```
x <- read.table("data.csv", skip=1)
```

[17)]URL は，http://cse.naro.affrc.go.jp/takezawa/r-tips/r.html
[18)]URL は，http://www.okada.jp.org/RWiki/

シェルスクリプトでの処理

Cygwin やターミナルに R がインストールできていれば，

```
$ r
```

で R が起動する[19]．この状態で

```
> 1+2
[1] 3
```

などのように，インタラクティブに R で計算を行うことができるが，シェルスクリプトから計算を実行する場合には次のようになる．

いま，analysis.r という R のプログラムに，data.csv というデータファイルを処理させることを考える．これをシェルスクリプトで行う場合には，次のようにリダイレクト (<) を用いて，analysis.r の内容を R に入力し処理させる．

```
$ r --vanilla --slave --args data.csv < analysis.r
```

--vanilla は，それまでの R のオブジェクトを考慮しないオプションである．--slave は計算結果以外のウィンドウへの標準出力を制限する．計算した結果をファイルに書き出すような場合には必須である．さらに --args オプションを使うことで，これ以降のキーワードを引数として処理する．この場合だと data.csv は R のプログラム内 (すなわち analysis.r) で，commandArgs()[5] として指定することができるので，data.csv を読み込むときには，read.table (commandArgs()[5]) とする．引数は複数設定することができて，data.csv と data2.csv を R に処理させる場合には，

```
$ r --vanilla --slave --args data.csv data2.csv < analysis.r
```

とすることで，data2.csv が commandArgs()[6] で指定できる．ちなみに

---

[19] 小文字でも大文字でも構わない．

```
$ r --vanilla --slave --args data.csv data2.csv
commandArgs()
```

で表示されるように，commandArgs() の [1] は R の絶対パス，[2] は--vanilla，[3] は--slave，[4] は--args となっている．

計算結果を書き出す場合には，リダイレクトを用いるのが便利である．このとき R の計算結果で表示される [1] などを除くために，計算結果を一度，2.2 節で説明する awk にパイプで渡して処理を行う．

```
#!/bin/bash
r --vanilla --slave << EOF | awk '{print $2,$3}' > test.csv
x <- c(4,5)
x
EOF
```

これで test.csv には "4 5" と書き出される．"[command] << EOF" を用いると，次の行から EOF までの内容が [command] によって処理される．これをヒアドキュメントという．

1.5 グラフの描画法

ここでは gnuplot を用いたグラフの描画法について，簡単に説明する．詳しくは本 [7] や，gnuplot tips [20] などを参考にしてほしい．

1.5.1 gnuplot の起動と終了の方法

Cygwin やターミナル上で，

```
$ gnuplot
```

とタイプすることにより gnuplot は起動する．ターミナルではこの後，特に描画の出力先を指定せずとも AquaTerm が立ち上がり，プロット結果が表示される．しかし Cygwin 上ではこのままだとグラフを描画することはできな

---

[20] URL は，http://folk.uio.no/hpl/scripting/doc/gnuplot/Kawano/

い[21])ため,まず X Window を立ち上げる.

```
$ startx
```

とタイプすることで X Window は起動する.だがこの場合,余計な時計 (xclock) なども一緒に出てくるため,

```
$ xinit
```

とするのがよい.そして新たに立ち上がった X Window 上で,gnuplot とタイプすることにより起動させる.

逆に gnuplot を終了させる場合は,`control+D` とするか

```
gnuplot> exit(または quit)
```

とすることにより gnuplot を終了する.X Window の方は `exit` でしか終了しない.

1.5.2 描画の方法

たとえば,$f(x)=x$ のグラフを描く場合には次のようにする.

```
gnuplot> plot x
```

同様に `plot sin(x)` で他の関数も描け,カンマで区切ることで,複数の関数を同時に描くこともできる.

```
gnuplot> plot sin(x), x*x
```

また,データを読み込んで描画させるときは次のようにする.

---

[21])set terminal dumb と出力先を指定することで,一応 Cygwin のウィンドウ内にプロット結果を表示することもできる.

```
gnuplot> plot "data.txt" using 1:2 with lines
```

これにより data.txt の 1 列目を横軸, 2 列目を縦軸の値として取り, 折れ線で表示する. lines 以外にも, dots や points (デフォルト) などさまざまな表示法がある.

複数ファイルのデータから図示する場合には, 次のようにカンマでつなぐ.

```
gnuplot> plot "data.txt" using 1:2, "data2.txt" using 1:2
```

X Window 上で gnuplot を起動させても, プロットする出力先 (カレントターミナルと呼ぶ) が X Window でないと描画することができない. その場合は, X Window 上で操作するということを, 以下のように明示する必要がある.

```
gnuplot> set terminal x11
```

これにより plot したときにグラフが表示される.

1.5.3 グラフの保存

ターミナルや X Window 上でグラフを眺めるだけでなく, 実際にはファイルとしてグラフを保存する必要がある. 保存の形式は, 拡大しても画質が粗くならないベクター形式であるということと, LaTeX との相性を考えると EPS 形式が一番好ましい. EPS 形式にするには次のようにして, 出力ファイル名を指定する.

```
gnuplot> set terminal postscript eps
gnuplot> set output "figure.eps"
```

この後は, 軸の範囲やタイトルなどを set し, プロットを行えばよい.

1.5.4 シェルスクリプトでの処理

gnuplot で, 同じようなグラフを何枚も作成することが必要になる場合もある. このようなとき, あらかじめシェルスクリプトに gnuplot の処理内容を書き出しておき, 必要な部分だけを変更して実行するというのが現実的である.

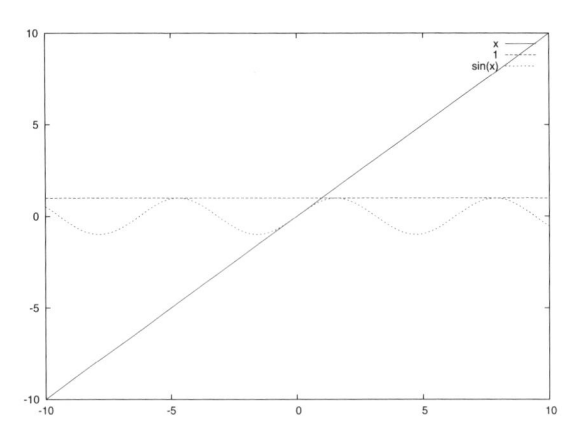

図 1.4 シェルスクリプトを用いた簡単な描画．ここではフォントなどの設定を行っていないため，軸や凡例が見にくいままである．さまざまなオプションを利用して，見た目を変えていく．

```
#!/bin/bash
alpha=1
file=figure.eps
gnuplot << EOF
set terminal postscript eps enhanced color
set output "${file}"
plot x, ${alpha}, sin(x)
EOF
```

こうすることでヒアドキュメントを用いて，gnuplot << EOF の次の行からEOF までの記述が，gnuplot により処理される．ヒアドキュメント内で改行を挟むとエラーになるので，その場合は#を用いてコメントアウトとする．出力結果の figure.eps を図 1.4 に示す．この例では出力先を EPS 形式にする際に，enhanced color とすることで，カラー表示ができるようにしている．

　シェルスクリプトで gnuplot を動かすと，シェル変数を通じて gnuplot に値を渡すことができる．すなわち，シェルスクリプトで解析した結果を，そのまま gnuplot に投げて結果を描画させるということが可能となる．シェルスクリプト内で動かすのではなく，単独にグラフ描画用のスクリプトファイルを用意

するのであれば,

```
set terminal postscript eps enhanced color
set output "figure.eps"
plot x, 1, sin(x)
```

と保存し，このファイル (仮に figure.plt とする) の実行は次のように行う．

```
$ gnuplot figure.plt
```

このとき gnuplot を起動せずとも，グラフを描くことができる．

1.5.5 その他のコマンド

グラフのアスペクト比を調整

横 1 : 縦 0.7 にする．

```
gnuplot> set size ratio 0.7
```

x 軸の範囲を調整

100000 から 110000 で表示．

```
gnuplot> set xrange [100000:110000]
```

x 軸のラベルを付ける

time と付ける場合．

```
gnuplot> set xlabel "time"
```

y 軸を対数表示する

デフォルトの底は 10.

```
gnuplot> set logscale y
```

両対数表示は xy でできる．

プロットの凡例に名前を付ける

title を用いる.

```
gnuplot> plot "data.txt" using 1:2 title "data" with lines
```

プロットの凡例を表示しない

set nokey でもできる.

```
gnuplot> set key off
```

関数を定義する

$f(x)=x^{-3}$ とする場合.

```
gnuplot> f(x)=x**(-3)
gnuplot> plot [1:] f(x)
```

軸の値を指数表示

$100 \to 10^2$ と表示を変更.

```
gnuplot> set terminal postscript eps enhanced
gnuplot> set format xy "10^{%L}"
```

上付き文字などを表示するには, enhanced オプションが必要.

第2章 ビッグデータの整理

ブログや為替の板情報など，多くのデータは利用される主目的が別に存在し，解析されることを目的として収集されたものではない．このようなデータには解析するには不必要な部分も多く含まれ，そのままの状態ではほしい結果を得ることができない．料理をする前に食材の下処理が必要なように，データを解析する際にもデータの前処理が必要となる場合がほとんどである．元はビッグデータと言えども，実際に解析に使うのは大した容量ではない場合もある．Excel2013 などでは約 100 万行[1]までのデータしか扱うことができないが，ビッグデータの場合こうしたアプリケーションの制約を超えることがほとんどである．本章では Windows の Cygwin や Mac のターミナルなど，UNIX 環境でデータを扱うことを想定し，その際に必須の UNIX コマンドについて簡単に説明していく．

2.1 ビッグデータの内容を確認するには

ビッグデータを解析しようとするときに，対象のデータ内容を確認することは非常に重要である．数ある項目の中からどの項目がキーになり，どれを使うことができるのか，またどの項目が必要ないのかなど，データの内容を把握しなければならない．その上で，行うべき解析手法などが決まってくる．また解析手法を決めた後も，その解析が行えるようにデータを成形する必要がある．食材を知らずして調理をすることはできないし，また食材には下処理が必要であろう．しかし解析対象のデータは，容量が大きいものだと数テラバイトにも

---

[1] 正確には 1,048,576 行．

及ぶ．こうしたビッグデータを開くときに通常のアプリケーションで開こうとすると，それだけで PC はフリーズしてしまう．データの中身を確認するときには，数億行に及ぶようなデータをすべて表示する必要はなく，最初の数行を表示したり，必要としている項目を一列だけ表示すればよい場合がほとんどである．

以下，そのようなデータの表示方法を実際に見ていこう．次のようなデータを作成し，保存することを考える．

```
2,Momota,18,7,12
1,Tamai,18,6,4
4,Sasaki,17,6,11
3,Ariyasu,18,3,15
5,Takagi,20,6,21
```

ファイル名を momoclo.csv としておく．まず cd コマンドでファイルを保存したディレクトリに移動し，次のようにコマンドを打ち込む．

```
$ cat momoclo.csv
```

先ほど作成した momoclo.csv の内容がウィンドウに表示される．cat の後に半角スペースをあけてファイル名を入力することで，そのファイルの中身をすべて表示する．対象のファイル容量が大きい場合には，ウィンドウにすべて内容が書き出され，時間がかかるので，試さないでほしい．ファイル容量が大きくても使える同様のコマンドとしては，less コマンドがある．

```
$ less momoclo.csv
```

とすると，cat コマンドのときと同様に，momoclo.csv の内容がウィンドウに表示される．先ほどの cat と違うのは，cat がファイルの全内容をウィンドウに書き出してコマンドを終了するのに対し，less は表示モードになり q キーをタイプすることでコマンドを終わらせることができる．方向キーやスペースなどを使用して見たい部分まで移動したり，検索などもでき，cat コマンドよ

りも自由度が高い．使用できるオプションも多い[2]．

よく使うオプションとしては，less コマンド中にスペース，z で 1 画面分先に進む，w で 1 画面分上に戻る，/pattern で pattern に一致する行を検索する，などがある．

ファイル容量が大きく，その中にどのような項目が含まれるのかなど，ファイルの先頭だけ確認したい場合などは head コマンドを使用する．

```
$ head -1 momoclo.csv
```

結果は，

```
2,Momota,18,7,12
```

となる．-(数字)[3] でファイル最初の何行を出力するかを決める．-1 なら最初の行だけ，-2 なら先頭の 2 行が，-100 ならファイル先頭の 100 行が表示される．ここでは 1 行しか表示させていないが，オプションを省略するとデフォルトでは 10 行表示される．

その他にも，実行に時間がかかる UNIX コマンドの結果を試したいときなどに，

```
command file.csv | head
```

とパイプで head につなげることで，file.csv に対する command の実行結果の最初 10 行を見ることができる．

他のコマンドにも共通することだが，

```
$ head momoclo.csv ebichu.csv
```

とファイル名の後にスペースを挟んで，別のファイル名を続けることで，複数ファイルの先頭の内容を確認できる．

ファイルの先頭ではなく，終わりの数行を確認したい場合には，

---

[2] less -help で参照．less コマンド中に h でも可．man less よりもこちらの方が見やすい．

[3] 正確には-n (数字) であるところを省略している．

```
$ tail -2 momoclo.csv
```

などとすればよい．

```
3,Ariyasu,18,3,15
5,Takagi,20,6,21
```

ここではオプションを指定して，ファイルの最終行から 2 行表示させているが，デフォルトは 10 行であり，-2 のオプション部分は省略できる．

ファイルの中身を確認する必要はなく，行数だけを知りたいときには，

```
$ wc -l momoclo.csv
```

とする．上記コマンドの momoclo.csv に対する結果は 5 となる．wc は word count の略で，-l のオプションで行数を表示させている．

2.2 ビッグデータを整理するには

基本的に，与えられた解析対象のビッグデータは，そのまま解析することはできない．文字コードが作業環境に合っておらず日本語が文字化けしていたり，データに不必要な空白が生じていたり，解析に必要なのは ID と年齢だけなのに身長・体重，その他諸々の不必要なデータが付随していたり…などさまざまなケースが想定されうる．このようなデータを解析するためには，必要な前処理をデータに対して行う必要がある．そのための方法を以下の節で述べる．

2.2.1 データの置換 (sed)

前述のとおり，データを解析するにあたってさまざまな処理が必要になる．その中でも特にファイル中の文字列の置換は重要な処理であり，その際に必要となるのが sed コマンドである．

ファイルの区切り文字には，カンマ，スペース，タブ区切りなどが存在する．UNIX のデフォルトの区切り文字はコマンドによって異なるが，ほとんどはスペースである．そこで，区切り文字をカンマからスペースにしてみよう．

```
$ sed "s/,/ /g" momoclo.csv
```

とタイプ (ダブルクォーテーションではなくシングルクォーテーションを用いてもよい) することで，ファイルに現れるすべてのカンマがスペースに置換される．sed コマンドでは，ファイルに現れる s の次のスラッシュの間の文字列を，g の前のスラッシュの間の文字列に置換する．すなわち，

```
$ sed -e "s/pattern1/pattern2/g" momoclo.csv
```

とした場合，ファイル内の文字列 pattern1 をすべて pattern2 という文字列に置換する．ただ置換する文字列が一つだけであるような場合には，-e は省略できる．

sed コマンドによってさまざまな処理が可能となる．区切りをタブに変えたければ，

```
$ sed "s/,/\t/g" momoclo.csv
```

とすればよい[4]．変換前のファイルに，スペースやカンマが区切り文字以外で使われていると，それらもまとめて変換されるので注意してほしい．

コマンド中における g はグローバルの意味であり，その行の条件に一致するすべての文字列 (上の例ではカンマ) を，指定する文字列 (つまり\t) に変換する．g を数字にすることで，その数番目に出てくる文字列のみを置換する．

```
$ sed "s/,/_/1; s/,/ /g" momoclo.csv
```

上記の例では g ではなく 1 とすることによって，行で最初に登場するカンマをアンダーバーに置換している．そして残りのカンマをスペースに置換している．

---

[4] Mac のターミナルを使っていて，\t が使えない場合は control+V の後に tab キーを打つ．

```
2_Momota 18 7 12
1_Tamai  18 6 4
4_Sasaki 17 6 11
3_Ariyasu 18 3 15
5_Takagi 20 6 21
```

sed コマンドの処理はセミコロン (;) でつなげることで,続けて書くことができる.

文字列内でスラッシュやダブルクォーテーションを使いたい場合には,エスケープ文字としてバックスラッシュ(\) が必要となる.

```
$ sed "s/,/\//g" momoclo.csv > momoclo2.txt
```

一見ややこしいが,スラッシュの前にエスケープ文字 (\) を置くことで,sed コマンドの記述に必要なスラッシュと区別している.ここで,sed コマンドによって置換した内容のファイルを書き出すのに,リダイレクトを使用している.リダイレクトすることで,sed で置換された momoclo.csv の出力結果が,momoclo2.txt というファイルに書き出される.

2.2.2 必要な項目の抽出 (awk)

awk は単なるコマンドではなく単独でプログラミング言語を成し,ビッグデータの処理においても有効な役割を果たす.awk だけでもテキスト編集のほとんどは可能になるので,それゆえにしっかりと習得したい.

awk は 1 行ずつ区切りのある文字列を処理する.momoclo.csv の縦 1 列目の項目を表示するためには,

```
$ awk -F, '{print $1}' momoclo.csv
```

とすると,ファイルの 1 列目 "2 1 4 3 5"が順番に縦に表示される.$1 は 1 列目を表し,-F,[5)でファイル momoclo.csv の区切りがカンマであることを指定

[5)]正確には,-F","と書くところを省略できる.

している．中括弧内に print などの指示を書いていく．awk はデフォルトで
「一つ以上のスペース区切り」のファイルを処理するので，スペース区切りの
ファイルに対しては-F のオプションは必要ない．もし 1 列目と 3 列目を表示
したければ，

```
$ awk -F, '{print $1,$3}' momoclo.csv
```

とすればよく，

```
2 18
1 18
4 17
3 18
5 20
```

と表示される．
　C 言語のように printf 文も利用することができる．

```
$ awk -F, '{printf("%d番%s, %d/%d生まれの%d歳\n",
  $1,$2,$4,$5,$3)}' momoclo.csv
```

と書くことで，

```
2番 Momota, 7/12 生まれの 18 歳
1番 Tamai, 6/4 生まれの 18 歳
4番 Sasaki, 6/11 生まれの 17 歳
3番 Ariyasu, 3/15 生まれの 18 歳
5番 Takagi, 6/21 生まれの 20 歳
```

となる．
　基本的に awk はプログラミング言語なので，C 言語と同じように変数や if
文，for 文などを使うことができる．

```
$ awk -F, '{if($3>18)print $2; else print $3}' momoclo.csv
```

というように if 文を用いて書くことができて,

```
18
18
17
18
Takagi
```

と 3 列目 (年齢) が 18 より大きい場合は 2 列目 (名前),それ以外の場合は 3 列目をそのまま表示する.このように if 文や,p.47 で説明する正規表現を用いて,指定した条件の行や項目を取り出せる.awk では文末にはセミコロンを置くが,中括弧内の命令が一つの文だけならセミコロンを省略することができる.また if 文の中身が 1 行以上に及ぶ場合には { } で囲むことによりブロック化する.

```
$ awk -F, '{if($3>18){print $2; print $3}}' momoclo.csv
```

このとき if 文の次の二つの print 文を中括弧で囲むと,3 列目が 18 より大きい行で 2 列目,改行を挟んで 3 列目を書き出すが,中括弧がないと 3 列目はすべての行において書き出される.

変数を利用するときには変数宣言は必要ない.またいくつかの簡単な数学関数も利用できる.たとえばある数 a の二乗,自然対数[6],指数関数は次のようになる.

```
$ awk -F, '{a=$1; print a^2, log(a), exp(a)}' momoclo.csv
```

---

[6] 常用対数は $\log(a)/\log(10)$ で,底を変換する必要がある.

```
4 0.693147 7.38906
1 0 2.71828
16 1.38629 54.5982
9 1.09861 20.0855
25 1.60944 148.413
```

ENDで始まる中括弧にファイルを読み込んだ後の処理を書くことができる．

```
$ awk -F, '{sum+=$3; squ_sum+=$3^2; count++}END{print
sum/count, sqrt(squ_sum/count-(sum/count)^2)}' momoclo.csv
```

```
18.2 0.979796
```

その他にも BEGIN で始まる中括弧にファイルを読み込む前の処理を書くことができる．BEGIN 中の文はファイルを読み込む前に 1 回だけ，END 中の文はファイルを読み込んだ後に 1 回だけ実行される．上の例では，sum, squ_sum, count という変数にそれぞれ，3 列目の和，平方和，行数を代入していき，ファイルを読み込んだ後に，END の中で 3 列目の平均と標準偏差を計算している．

BEGIN は変数の初期化に使われるほか，ファイルの区切り文字を変更することもできる．

```
$ awk 'BEGIN{FS=","; OFS="\t"}{print $1,$2}' momoclo.csv
```

```
2 Momota
1 Tamai
4 Sasaki
3 Ariyasu
5 Takagi
```

ファイルを読み込む前の BEGIN の中括弧内で，FS (Field Separator) で読

み込むファイルの区切りを，OFS (Output Field Separator) で出力するファイルの区切りを指定する．FS="," というのは，-F, というオプションを利用したのと同じことである．また OFS を指定しない場合には，スペース区切りで出力される．上の例ではタブ区切りで出力している．OFS は何でもよいので，次のように好きな区切りに変更する (ここではスラッシュ) ことも可能である．

```
$ awk -F, 'BEGIN{OFS="/"}{print $4,$5}' momoclo.csv
```

```
7/12
6/4
6/11
3/15
6/21
```

OFS を利用しない方法もある．ダブルクォーテーションの間の文字列はそのまま出力できるので，

```
$ awk -F, '{print $4"/"$5}' momoclo.csv
```

としてもまったく同じ結果が得られる．

awk には内部変数が存在する．NR はその行までに読み込んだ行数 (Number of Records), NF は列数 (Number of Fields), FILENAME はファイル名を表す．

```
$ awk -F, '{print $2,NR,NF,FILENAME}' momoclo.csv
```

```
Momota 1 5 momoclo.csv
Tamai 2 5 momoclo.csv
Sasaki 3 5 momoclo.csv
Ariyasu 4 5 momoclo.csv
Takagi 5 5 momoclo.csv
```

したがって先ほどの 3 列目の平均と標準偏差を求めるプログラムは，

```
$ awk -F, '{sum+=$3; squ_sum+=$3^2}END{print sum/NR,
   sqrt(squ_sum/NR-(sum/NR)^2)}' momoclo.csv
```

と書いても同じ結果が得られる．これはファイルを読み込み終わった END の状態では，NR がデータの行数に一致することを利用している．

処理が複雑になる場合は，別途実行ファイルを用意するとよい．すなわち，

```
BEGIN {FS=",";} {
    sum+=$3;
    squ_sum+=$3^2;
} END {print sum/NR, sqrt(squ_sum/NR-(sum/NR)^2);}
```

という内容を momoclo.awk として保存[7]する．この awk ファイルを実行するには，-f オプションを用いて次のようにする．

```
$ awk -f momoclo.awk momoclo.csv
```

2.2.3　データの検索 (grep)

データからあるキーワードや語句を含む行を検索し，その語句を含むデータに対してだけ解析を行いたいときがある．そのような検索に使われるコマンドが grep である．

```
$ grep "18" momoclo.csv
```

とすることで，18 を含む行

```
2,Momota,18,7,12
1,Tamai,18,6,4
3,Ariyasu,18,3,15
```

---

[7] 拡張子は awk でなくとも構わない．

が抽出される．逆にあるパターンを含まない行を抽出したい場合には，

```
$ grep -v "pattern" momoclo.csv
```

のように-vオプションを使用することで，patternという文字列を含まない行だけを抽出することができる．grepにおいてダブルクォーテーションはなくてもよいが，ダブルクォーテーションで検索する文字列を囲むと，検索文字列中のスペースなどの空白にも対応することができる．すなわち，momoclo.csvに，スペースによる空白が存在しないから

```
$ grep " " momoclo.csv
```

で抽出される行は存在しない．他にも-iオプションで大文字と小文字を区別しないで検索することができる(デフォルトでは大文字と小文字を区別する)．

```
$ grep -i "ta" momoclo.csv
```

```
2,Momota,18,7,12
1,Tamai,18,6,4
5,Takagi,20,6,21
```

複数のキーワードのうち，どれか一つを含む行を抽出する場合には-eオプションを用いる．

```
$ grep -e "Ta" -e "18" momoclo.csv
```

```
2,Momota,18,7,12
1,Tamai,18,6,4
3,Ariyasu,18,3,15
5,Takagi,20,6,21
```

両方とも含む行を抽出するにはパイプを用いる．

```
$ grep "Ta" momoclo.csv | grep "18"
```

    1,Tamai,18,6,4

正規表現

UNIX でワイルドカードが使えるように，sed, awk, grep では正規表現を使うことができる．正規表現だけで一冊の本 [8] になるくらいなので，ここでは詳しい説明は省くが，おもに使うのは次の二つである．

　　.　　任意の一文字を表す．
　　.*　　任意の文字列を表す．

ワイルドカードとは表現が異なるので，注意が必要である．

たとえば，T…i (T で始まり i を含む) という文字列を含む行を表示したい場合，grep では，次のようにする．

```
$ grep "T.*i" momoclo.csv
```

awk では

```
$ awk -F, '{if($2~"T.*i")print $0}' momoclo.csv
```

とすることで，

    1,Tamai,18,6,4
    5,Takagi,20,6,21

が表示される[8]．awk では$i~"文字列"とすることで，文字列に合う i 列目を表示できる．また$0とすることで，行全体を表示できる．このように正規表現を含めて使うことで，できることのバリエーションが広がる．

ファイル名自体の指定にはワイルドカードを用いるので注意が必要である．すなわち，いま momoclo.csv に対して，

---

[8]この正規表現には Thai, Tottori, Takashima など文字数に関係なく，T で始まり i を含む文字列を含む語が一致する．

```
$ grep "Takagi" momo*
```

と，ファイル名の指定には正規表現ではなくワイルドカードを用いる．

2.2.4 データの並び替え (sort)

データの並び替えは，3章で説明する累積分布関数や，データの最小値・最大値を確認するのに必要である．データの並び替えには sort コマンドが用いられる．たとえば momoclo.csv の 3 列目を昇順で並べる場合，

```
$ sort -k3g -t, momoclo.csv
```

とすることで，

```
4,Sasaki,17,6,11
1,Tamai,18,6,4
2,Momota,18,7,12
3,Ariyasu,18,3,15
5,Takagi,20,6,21
```

と 3 列目が昇順に並び替わる．オプションの説明をすると，-k の後に並び替えたい列の数字を書くことで，その列をキー (key) として sort が行われる．-g は数字順に並び替える[9]ことを表す．このオプションがないと，文字列としての並び替えが起こり，たとえば 1 の次に 10, 100 が来る．sort コマンドはデフォルトでスペース区切りに対して行われるので，-t の後にカンマを続けてタイプすることで，カンマ区切りのファイルであることを指定している．

他にも 4 列目を降順，2 列目をアルファベット順で並べたい場合は，

```
$ sort -k4gr -k2 -t, momoclo.csv
```

とすることで，

---

[9]データが整数だけならば，-n のオプションの方が処理が速い．

```
2,Momota,18,7,12
4,Sasaki,17,6,11
5,Takagi,20,6,21
1,Tamai,18,6,4
3,Ariyasu,18,3,15
```

という出力結果を得ることができる．4列目を降順で並び替えた後に，4列目の6という同じ値をもつ行に対して，2列目のアルファベット順に並び替えている．降順で並び替える際には，オプションとして-r (reverse) を使う．

基本的にデータの並び替えには時間がかかるので，必要な項目の列だけをawkで取り出してから並び替えるとよい．データの容量が小さくなると，計算量も少なくてすみ処理が速くなる．次の例ではawkにより3列目を取り出し，3列目だけを並び替えている．

```
$ awk -F, '{print $3}' momoclo.csv | sort -g
```

"|"はパイプと呼び，awkコマンドで出力されるmomoclo.csvの3列目の内容を，次のsortに渡している．パイプはいくつでも使うことができて，

```
$ command1 file.csv | command2 | command3 | ...
```

のようにfile.csvに対してcommand1の処理を行い，その結果に対してcommand2の処理を行い，さらにその結果に対してcommand3の処理を行い，というように次から次へと連続的なデータ処理が可能となる．シェルスクリプトやUNIX環境がビッグデータ解析の前処理において重宝されるのは，このパイプによってコマンドから次のコマンドへ，処理したデータを次々に渡していくことができるというのも要因の一つである．

3列目の最小値を確認するには，昇順に並び替えて先頭 (降順に並び替えて最後) を確認すればよいし，最大値を確認するには降順に並び替えて先頭 (昇順に並び替えて最後) を確認すればよい．最小値の場合は

```
$ awk -F, '{print $3}' momoclo.csv | sort -g | head -1
```

とsortした結果をさらにパイプでheadコマンドにつなげることで，3列目の最小値17を得ることができる．

今はデータの行数が少ないのであまり関係ないが，同じ値のデータを多く含むような場合には，行をまとめることで並び替えを速く終わらせることができる．momoclo.csvの3列目を取り出したデータを，リダイレクトを用いてmomoclo3.csvとする．すなわち，

```
$ awk -F, '{print $3}' momoclo.csv > momoclo3.csv
```

とする．このとき

```
$ sort -g -u momoclo3.csv
```

と-uオプションで同じ値を持つ行をまとめることができ，

```
17
18
20
```

という結果を得る．

2.2.5 同じデータをまとめる (uniq)

同じ値のデータが何行もある場合にはそれらをまとめ，その行数をカウントした方がよいこともある．そうすることで計算量や，データの容量を少なくすることができる．ここで利用されるのがuniqコマンドであるが，大抵はsortコマンドと組み合わせて使われることが多い．sortして並び替えたデータに対して，同じデータが並んだときはまとめる，という流れになるからである．すなわち，

```
$ sort -g momoclo3.csv | uniq
```

というように sort してパイプで uniq にデータを渡し，同じデータをまとめるということになる．しかしこれは sort -u するのと同じなので，2.2.4 の最後に得られた結果と変わらない．uniq コマンドが必要となるのは -c オプションを用いて，その行数をカウントするときである．先ほどの例を用いて，

```
$ sort -g momoclo3.csv | uniq -c
```

とすると，-c (count) オプションを加えることで，

```
    1 17
    3 18
    1 20
```

となり先ほどとは違い，同じ値のデータが何行並んでいるのかが，1 列目に表示される．今の場合，3 列目が 17 というデータが一つ，18 というデータが三つ，20 というデータが一つ momoclo3.csv に存在する．

演 習 問 題

演習問題の解答や追加の情報などは，本書の Web サイト (http://www.smp.dis.titech.ac.jp/book_bigdata.html) を参照.

問題 2.1 momoclo.csv のファイル操作
(1) momoclo.csv と同じ内容のデータファイルを用意し，cd コマンドを用いてファイルと同じディレクトリに移動せよ．
(2) momoclo.csv の 2 列目と 3 列目の順番を入れ替えて表示せよ．
(3) momoclo.csv の 2 列目で母音が「あ」の文字が連続する行を，正規表現を用いて表示せよ．

> **発展問題 2.2** Wikipedia のハリー・ポッターの項目のテキスト解析

Wikipedia の「ハリー・ポッターシリーズ」のテキストを保存したのが Harry_separator.dat というファイルである (本書の Web サイト参照).

(1) Harry_separator.dat のカンマとピリオドを除去せよ．

(2) (1) の出力ファイルのスペースを，改行コード (\n でできない場合は，`control+V` の後に J キーもしくは改行キー) に置換せよ．

(3) (2) の出力ファイルを並び替え，各単語の出現回数を調べる．出現回数が最も多い単語は何か．

第3章 統計処理

　実験や測定をするには，実験機器の特性を熟知していなければならない．これと同じくPCによる数値実験や統計処理においてもPCの特性や統計処理の知識が必要となる．プログラムに間違いがあったり，データにふさわしい統計処理を施さなければ，データの本質を捉えられなくなってしまう．PCを用いるにあたって，その計算方法が本当に正しい結果を生むかどうか，得られた結果が正しいかどうかを判断しなければならない．実験を始める前段階の知識と理論の習得が本章の目的である．

3.1 計算誤差

　ビッグデータ解析をする上で，さまざまな統計処理の理論的基礎を理解することは欠かせない．数値を扱う上で数字が何桁まで信頼できるのかを考えることが重要である．その際に必要な知識として，数値計算における誤差について簡単に紹介する．ここでは,「期待される値と，測定や計算などで得られた値との差」を誤差と呼ぶ．

　誤差はプログラムのバグからも発生する．よって，未知の結果を生む実験であっても，出力が直観にあうかどうか，数値が意図したものかについて注意する必要がある．常に誤差を意識することで，扱うデータ，解析手法，用いるプログラムを精査することができる．

3.1.1 誤差の分類

　統計分析や数理モデルの計算をPC上で行ったときに，期待される値と得られる結果はどのように食い違うのだろうか？

誤差を，その発生する要因で分類すると，次のようになる．

- モデル化誤差
- 近似誤差
- 系統誤差，偶然誤差
- 計算誤差　など

モデル化誤差

ビッグデータからなんらかの数理的な予測モデルを構成するとき，データの持つすべての要素を反映させることは不可能であり，いくつかの仮定のもとに定式化するのが一般的である．このモデル化の際に複雑化を避けるために無視された要素がもたらす誤差を**モデル化誤差**と呼ぶ．この誤差は観測した現象に対するモデルの記述性が低いときに大きな値をとるので，より精度の高いモデルに修正することにより，小さな値にすることができる．

--- モデル化誤差の例 ---

振り子の振動は運動方程式によって，振動変位の時間変化や周期を知ることができる．しかしながら，振り子の初期角度を大きくしたり，長時間観察していると，期待される振る舞いと大きく異なることが分かる．これは，振り子の振動の説明をする際に，空気抵抗を無視したり変位が微小なものであることを仮定して運動方程式を立てたことによる．

与えられた現象について，モデルを構成して説明しようとする限り，モデル化誤差は避けられない．モデルがどのような仮定のもとに定式化されているかを振り返ることで，この誤差の発生する条件を知ることができる．

近似誤差

近似誤差とは，計算の簡素化のために近似式を用いることによる誤差である．近似式を計算のどの時点で使用するかにより，結果の精度も変わってくる．

--- 近似誤差の例 ---

$\sin(0.1000)$ の値を計算する．1次の近似式 $\sin(x) \sim x$ で近似値を計算すると $\sin(0.1000) \sim 0.1000$ となる．しかし，実際には $\sin(0.1000) = 0.0998$ であるから，このときの $0.1000 - 0.0998 = 0.0002$ が近似誤差である．

系統誤差，偶然誤差

系統誤差は，測定の方法によって現れてしまう誤差のことである．一つの測定方法で真値を測定しようとするかぎり，試行回数を重ねても取り除かれず，統計的にずれが観測されてしまう．真値が自明なテストデータを与えて，それがどのくらい系統的にずれるのかを確認することも必要である．一方で，測定ごとに測定値にばらつきを生むのが偶然誤差となる．偶然誤差は，偶然性の高いもので，測定後に除去操作をすることができない．試行を重ねて統計的な処理をすることで，精度を上げることができる．

計算誤差

PCで計算を行うことによる誤差の中でも，**無限を扱えないことによる誤差**を計算誤差と呼ぶ．ここでの**無限**は，無限大，無限小のどちらの場合も含む．計算誤差の正しい理解がないと計算結果に微妙な食い違いが出てしまう．さらにプログラムやアルゴリズムにミスがなくても，PCの性能にかかわって生じる誤差のため，発見や修正も大変に難しい．ビッグデータを解析する際には，モデル化誤差に続いて最も注意しなければならない．

計算誤差は，発生の原因により次のように分類される．

- 丸め誤差
- 打ち切り誤差
- 桁落ち
- 情報落ち

□ **丸め誤差**　数値を有効数字をもって評価するとき，有効数字範囲外の部分が捨てられることによる誤差である．PC上では扱える数値の桁数に限界があり，実数のような数値を完璧に表現することはできない．扱える桁数を超える数値は，最も近い数に変換されている．

丸め誤差の例

有効数字が3桁のとき，$1/6 = 0.16666\cdots$ は 0.166 となる．このとき，$0.00066\cdots$ が丸め誤差となる．

□ **打ち切り誤差**　数学で用いるいくつかの式は，理想的な値として無限大・無限小の極限値や無限個の和を考える．しかしながら，PCでは有限のものしか扱えない．このような極限や級数和で定義される数値や数式をPC上で扱うときは，十分に極限値や級数和に近いと判断できる桁数で打ち切る必要がある．このとき，生じる誤差のことを打ち切り誤差と呼ぶ．

― 打ち切り誤差の例 ―

無限等比級数:
$$1+\frac{1}{2}+\left(\frac{1}{2}\right)^2+\left(\frac{1}{2}\right)^3\cdots=\sum_{k=1}^{\infty}\left(\frac{1}{2}\right)^{k-1}=2 \tag{3.1}$$

左辺の無限級数は，厳密に2と評価することができる．しかし，無限個の足し算をすることは，手計算でもPC上でも無限の時間がかかる．実際の計算では，有限の回数 $k=n$ で計算を打ち切り，n 項目までの計算の値をこの級数の結果として採用する．このときの，$n+1$ 項目以降の計算が無視された部分が打ち切り誤差となる．この例では厳密な値が求まっているため，「十分に極限値や級数和に近い」と判断するのは容易だが，多くの場合，打ち切る項数を変化させ，部分和の収束を見て判断することになる(問題3.1.1)．

□ **桁落ち**　計算結果が0に近くなる減算を行ったときに，有効数字の桁数が極端に少なくなる．この精度の落ち幅は，値が近ければ近いほど大きくなる．

― 桁落ちの例1 ―

$9.876543211\times10^2 - 9.876543210\times10^2$ を計算すると，1×10^{-7} になる．このとき，有効数字が10桁同士の計算の答えが，有効数字1桁になってしまっている．

― 桁落ちの例2 ―

水素原子(陽子＋電子)の質量は 1.674×10^{-27} kg で，陽子の質量は 1.673×10^{-27} kg である．単純に計算すると，電子の質量は 1×10^{-30} kg となる．

桁落ち自身は，単なる減算の結果なので誤差とは呼ばない．しかし，桁落ちによって精度が著しく落ちた数値同士をさらに演算させることで，大きな誤差を含んだ数値が発生するので，扱いに注意が必要である．

□ **情報落ち**　絶対値に大きな差のある二つの数の加減を行った場合，計算がまともに行われないことによる誤差である．

> ― 情報落ちの例 ―
>
> 有効数字5桁の数 $x=0.11111$ と $y=0.99999\times 10^{-5}$ を足し合わせると
>
> $$x+y=0.11111$$
> $$+0.0000099999$$
> $$=0.1111199999$$
>
> 最終的に，有効数字5桁で切り落とすと計算結果は 0.11111 であり，y の値が無視された形の計算結果を生む．

単純に1回だけの計算であれば，それほど大きな影響がでない．しかし，「計算結果が計算を無視した形と同じ」ことが問題であり，このような計算を複数回行ったとき，無視できない影響が出る．

演　習　問　題

C言語の計算で誤差を小さくするためには，変数の型をdoubleで宣言するとよい．floatで宣言された小数は有効桁は7桁で，doubleは15桁となるため，誤差はfloat型の方が大きくなる．実務上はdouble型を宣言していれば，計算誤差の発生はほぼ抑えられる．演習問題では，変数宣言をfloatとdoubleの両方で行い，発生した誤差の大きさを比較するとよい．

なお，演習問題の解答や追加の情報などは，本書のWebサイト (http://www.smp.dis.titech.ac.jp/book_bigdata.html) を参照．

|問題 3.1.1| 打ち切り誤差の発生

本文中の「打ち切り誤差の例」であげた無限級数の式(3.1)について，打ち切り誤差を発生させる．左辺第 n 項までの和を $S(n)$ とする．

$$S(n) = 1 + \frac{1}{2} + \left(\frac{1}{2}\right)^2 + \cdots + \left(\frac{1}{2}\right)^{n-1}$$

第 n 項で計算を打ち切ったとき，実際の無限級数との差 $\delta(n)$ は，次のように表される．

$$\delta(n) = |2 - S(n)| \tag{3.2}$$

第 n 項で打ち切ったときの誤差 $\delta(n)$ を n の関数としてグラフに描画せよ．

|問題 3.1.2| 桁落ちの発生

 $a = \sqrt{10001}$, $b = \sqrt{9999}$ として，$a - b$ を計算したい．しかし，このままでは桁落ちが発生することが予想される．そこで，次の変形を施した．

$$a^2 - b^2 = (a+b)(a-b)$$
$$\iff \quad a - b = \frac{a^2 - b^2}{a + b}$$

a の値，b の値，$\sqrt{10001} - \sqrt{9999}$，$a - b$ の値，$\dfrac{a^2 - b^2}{a + b}$ の値を表示し，桁落ちを確認せよ．

|発展問題 3.1.3| 情報落ちの発生

 指数関数のマクローリン展開から得られる式を用いる．

$$e = \sum_{n=0}^{\infty} \frac{1}{n!}$$

ここで，打ち切り誤差のことは忘れて，第 n 項までの和で e の値を得ることとする．

$$e = \frac{1}{0!} + \frac{1}{1!} + \frac{1}{2!} + \cdots + \frac{1}{n!} \tag{3.3}$$

第 n 項までの和において，右辺第 1 項から順に項を足していく場合の和 $e_{1 \to n}$ と第 n 項から順に項を足していく場合の和 $e_{n \to 1}$ で結果がどのように変わるか．また，その原因は何か考察せよ．

3.2 統計の基礎

データを解析する上で,さまざまな理論や技術に基づいた統計処理ソフトが用いられる.しかし,それらを正しく使いこなすには,その理論を理解していなければならない.データによっては,ふさわしくないあるいは適用してはいけない解析手法も存在する.ここでは,解析手法を理解するために最低限必要な統計の知識を習得する.

3.2.1 定常とは

おもに時系列解析で必要となってくる概念である.ここでいう時系列とは,時間の流れとともに観測量の変化が記録されたデータのことである.たとえば,為替や株の価格,同じ場所の気温や気圧は時系列データである.このようなデータにおいて,ある時刻 t に観測された数値を $x(t)$ で表すとする.次の性質を持つとき時系列は定常と言われる.

- 平均が時間に依らず一定 $E[x(t)] = \mu$
- 分散が時間に依らず一定 $E[x(t)-\mu]^2 = \sigma^2$
- 自己共分散が時間差の関数 $E[(x(t)-\mu)(x(t-k)-\mu)] = C(k)$

ここで,$E[\cdot]$ は時間 t に対する平均を表す.μ, σ は定数であり,k は時間差を示す.言い方を変えると,時刻によって変動の統計的性質が変わらず,一定の確率的な変動を保ったまま推移しているような確率過程のことを定常過程であるという[1].逆に,非定常とは上のような性質をもたない時系列である.

統計解析をする上で定常性は非常に重要で,**解析をするデータの範囲が変わっても同じ統計結果が生まれる**ことを示唆する.つまり,統計結果に範囲選択による偶然性が絡むことを排除してくれる.一方で,非定常時系列の具体例として上昇傾向にある株価の推移や,重心が移動しているたんぱく質の側鎖位置の推移があげられる.このような時系列では,全体の動きに沿って部分も引きずられているので,部分同士に見かけ上の相互作用が生じてしまうこともある.しかし,時系列が非定常でも統計的に取り扱えないわけではなく,図3.1のように非定常な時系列の差分時系列や対数差分時系列を観測することで,ほ

---

[1] 正確には,時系列のこのような性質は,弱定常性という.分布が時間不変であることを要請する強定常性と合わせて定常性と言われる.

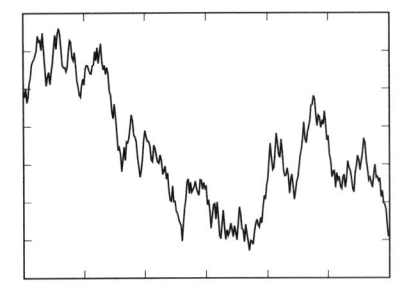

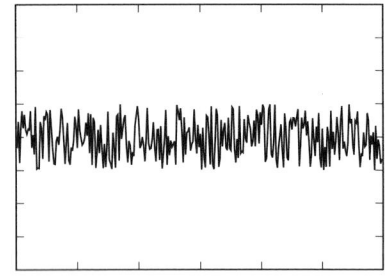

図 3.1 人工的に作った非定常時系列 (左) とその差分をとった定常時系列 (右). 非定常時系列では解析する区間によって，平均や分散といった統計量が変わってしまうため，区間に依存した結果が出てしまうことがある．一方，定常時系列では，任意の区間で平均や分散が一定となるため，時系列の本質を抜き出しやすい．

ぼ定常な時系列として扱える場合もある．時系列を解析する前に，統計量が時間の原点に依存しないか十分に確認することが必要である．

3.2.2 母集団と標本

我々が行う統計解析は，**全体から抜き出した一部を見て全体を知る**ということに他ならない．実際のデータに正しい統計処理を行うためには，統計学の基礎および統計手法の基本的な性質を確認しておく必要がある．

たとえば，日本中の小学生の体重が知りたいとする．このような場合，調査の対象となる集団，すなわち，日本全国の小学生全員のことを**母集団**という．他の例としては，ある工場から出荷される電球の品質を知りたい場合は，工場から出荷されたすべての電球が母集団になる．理想としては，小学生全員，出荷される電球をすべて調査すればよい．これを**全数調査**という．しかし，母集団が大きすぎて，調査が困難なことが多い．そこで，母集団から n 個を抜き出して観測し，そこから全体の特徴を推定することを考える．このような観測値の集合は標本と呼ばれ，特に，要素数が n の場合は**大きさ n の標本**と呼ばれる．統計解析はおもにこの標本に対して行う．標本と母集団を結びつける大数の法則と中心極限定理は，統計解析をするうえで非常に重要となる[2]．

数学的な詳細は省いて表現すると，大数の法則は，「ある母集団から無作為抽出された標本平均は標本のサイズを大きくすると真の平均 (母集団の平均) に

---

[2] この二つは確率論・統計学における極限定理と呼ばれる．

近づくこと」を示しており，中心極限定理は「標本平均が正規分布 (母分散についての条件あり) に従うこと」を示している．特に利用されることが多い中心極限定理は次のような内容となっている．

> **中心極限定理**
>
> 母平均 μ，母分散 σ^2 を持つ任意の母分布に従う母集団から，大きさ n の標本を抽出したとき，標本平均 $E[x]$ の分布は，n が十分大きければ平均 μ，分散 σ^2/n の正規分布 $N(\mu, \sigma^2/n)$ [3]に近づく[4]．

上では母集団として，平均と分散の存在が仮定されているが，後に説明するような母集団がべき分布に従うときには，平均や分散が存在しないこともあるため，注意が必要となる．次節以降で紹介する乱数の生成や検定でも，この中心極限定理が用いられる．この定理によって，十分たくさんの標本を抽出することで，どのような分布でも標本の平均や分散を正規分布と絡めて議論することができるのである．

このような理論によって，全数調査でないデータによる解析であっても，全体の振る舞いを推定できることになるのである．

3.3 確率密度関数・累積分布関数

ランダムに見える捉えどころのないデータであっても，その頻度分布をみるとランダムさの中に何か統計的性質を見出せることがある．そして，その分布が良く知られているものであれば，分布の性質からランダムと思われた値を生成するメカニズムを推察できる．たとえば，なにかの定常的な発生間隔の分布が，指数分布でよく近似できる場合，各時間で独立に現象が発生していることや，その事象の発生が過去に依存しないことなどが予想される[5]．もし発生間隔が指数分布でない場合は，独立でないなにか別の機構，たとえば長期記憶や発生間隔のクラスタリング等，ランダムでない別の効果が存在することが示唆される．このように，分布を見るということは現象を解析するための重要な手がかりとなる．

---

[3] 平均 μ，分散 σ^2 の正規分布は $N(\mu, \sigma^2)$ と表される．
[4] 平均や分散が有限でない場合は，中心極限定理は成り立たない．
[5] ポアソン過程と呼ばれる．

3.3.1 確率密度関数

確率密度関数は **PDF (Probability Density Function)** と略される．確率密度関数 $f(x)$ は**確率変数 (物理量)** X が微小な区間 $x < X < x + \delta x$ にその値をとる確率 (確率密度) を与える関数となり，確率変数 (物理量) X が $a < X < b$ となる確率を $P(a < X < b)$ とするとき，

$$P(a < X < b) = \int_a^b f(x)dx \tag{3.4}$$

となるような関数 $f(x)$ のことをいう．確率は正であることと，その和が 1 であることから，

$$f(x) \geqq 0 \tag{3.5}$$

および，

$$\int_{-\infty}^{+\infty} f(x)dx = 1 \tag{3.6}$$

を満たすことが要請される．度数分布表 (グラフにするとヒストグラム) をデータ数と箱の数で規格化したものに相当する．

ヒストグラム法

ある確率変数の性質は，その確率変数に対して何度も試行を繰り返し，それが起こった回数を調べればわかる．その方法の一つに度数分布表がある．度数分布表はデータをある区間にわけ，その区間のデータ数を調べ，その数 (度数) と区間の代表値を表にする．区間の代表値を横軸に，その区間の度数を縦軸にとって視覚化したものをヒストグラムという．ヒストグラムを用いると確率変数の特徴 (たとえば，値はそのくらい広がりを持つか，一番多い値は何かなど) をとらえることができるようになる．また，どのような確率変数でもデータからヒストグラムを作ることができる．しかし，このままでは標本数や区間幅が変わることで，ヒストグラムが縦方向に伸縮してしまう[6]．区間幅と標本数でヒストグラムの概形が変わってしまう影響を取り除くため規格化し，グラフの面積が 1 になるように調整する．この方法で規格化されたヒストグラムは，区

---

[6] 標本数が多くなると度数が大きくなるので縦方向に伸びる．区間幅を小さくすると，区間当たりの度数が小さくなっていき，縦方向に縮む．

間幅を無限小,標本数を無限大にする極限で確率変数の従う確率密度関数に漸近する.このようにしてデータから確率密度関数を推定する方法をヒストグラム法と呼ぶ.具体的な規格化の手順は次の通り.

(1) 度数を試行回数 (データ数) で割り,各区間での確率 (相対度数) を計算する.
(2) 各区間の確率 (相対度数) を区間の幅で割り,確率密度を計算する.
(3) 横軸に各区間の代表値,縦軸に確率密度をプロットする.

これによりグラフの縦軸は "確率" でなく,"確率密度" を表すようになる.この方法でプロットしたものを確率密度関数の推定値として扱う.ただし,以下の点について注意する.

注意 1:時系列データにおける定常性 時系列データの場合は,確率密度関数を書く前に,定常性を確認しなければならない.定常でないと考えられるデータの確率密度関数は,時間が変わると変化してしまうことを想定するべきである (参照:3.2 節「統計の基礎」).

注意 2:区間の取り方 確率密度関数を計算するときには,区間の取り方に注意する.たとえば,整数値しかないデータに対して区間の幅を 0.1 とすると,確率密度が 0 となる区間が生じ,データが存在する区間では本来よりも確率密度の値が大きくなる.

これらに注意した上で,ヒストグラム法の具体的な手順は次の通りである.

ヒストグラム法

確率密度関数をヒストグラム法で推定する手順を次に示す.

(1) 最小値 $x_{\min}$,区間幅 Δx,区間の数 $i_{\max}$ を適当に決める (最大値 $x_{\min} + i_{\max} \cdot \Delta x$ までの分布を作ることができることに注意してこれらの値を決める).
(2) 標本 $D = (x_1, x_2, \cdots, x_N)$ を読み込む.
(3) x_k が含まれる区間 $L_i = [x_{\min} + i\Delta x, x_{\min} + (i+1)\Delta x)$ の配列の値に 1 を加える.
(4) すべての標本に対して (3) を行い,区間 L_i に存在する標本数を N_i とする.

(5) 区間の代表値を $X_i = x_{\min} + (i+1/2)\Delta x$ として記憶する.
(6) $i_{\max}$ までのすべての i について,確率密度 $f_i = N_i/(N\Delta x)$ を計算する.
(7) 横軸を X_i, 縦軸を f_i としグラフにプロットする.
(8) もし分布がきれいに見えなかった場合は, Δx を変更し,(2)から(7)を繰り返す (きれいに見えるとは,分布の形が直観的にわかり,完成した点が滑らかに見える程度が目安).
(9) 分布がきれいに見えれば,「関数の面積が1であること」や「平均値」等でグラフが妥当かどうか確認する.問題なければ確率密度関数のグラフは完成となる.

[ヒストグラム法のサンプルプログラム]

```
//i番目のデータをdata[i]に入れる
double data[N];
for(i=0;i<N;i++){
    F[(int)((data[i]-xmin)/dx)]+=1.0/(N*dx);
}
for(i=0;i<imax;i++){
    printf("%f %f\n",xmin+(i+0.5)*dx,F[i]);
}
```

ここで,dataは標本となるデータ数Nの要素数を持つ実数型配列である.一方で,imaxの要素数を持つ実数型配列Fは第 i 区間の確率密度となる.出力されたデータをgnuplotなどで描画することで,グラフの概形を確認する.

より発展的なヒストグラム法の実装

ヒストグラム法は,区間幅 Δx の任意性があるものの確率密度関数の表現方法として,非常に強力な手法である.ヒストグラム法以外にも確率密度関数を推定する手法はいくつかあるが,確率密度関数の推定結果を左右するような大きな差異を生むものでもなく,また,実装の容易さという点でヒストグラム法

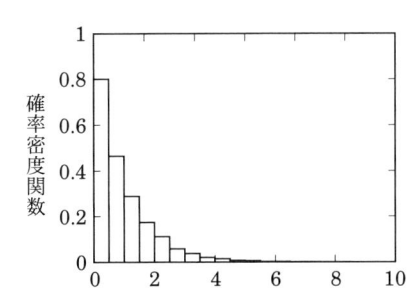

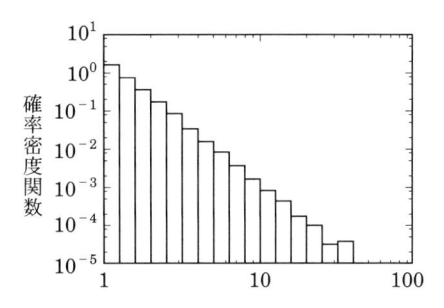

図 3.2 ヒストグラム法で描画した確率密度関数．指数分布 (左) と両軸対数表示でのべき分布 (右)．べき分布に対しては，次に紹介する対数表示で区間幅が均等になるような発展的な方法がとられている．

が群を抜いている．しかしながら，ヒストグラム法を適用する際に，次の特徴を持つ分布には注意する必要がある．

- 最小値に対して極端に大きな値をとる分布
- 一定の区間幅では度数 0 の区間が多数できてしまう分布

後述するべき分布や対数正規分布と呼ばれる分布がこのような特徴を持つ．大きな値をとる分布は代表値の軸を片対数としてグラフを描画することが多いため，片対数表示にしたときに均等な区間幅となっているようなヒストグラム法を拡張して適用する．

[発展的なヒストグラム法のサンプルプログラム]

```
for(i=0;i<N;i++){
F[(int)((log10(data[i])-log10(xmin))/dx)]+=1.0/N;
}
for(i=0;i<imax;i++){
a=pow(10,(i+1)*dx);
b=pow(10,i*dx);
haba[i]=xmin*(a-b);
}
for(i=0;i<imax;i++){
c=pow(10,(2*i+1)*dx/2);
```

```
printf("%f %f\n",xmin*c,F[i]/haba[i]);
}
```

区間幅 Δx が区間の番号 i によって変化するように配列 haba が定義され拡張されている．必要に応じて底の変換公式などを用いて，使用する対数表示に合わせる．

その他の確率密度関数の推定手法

上記以外にも確率密度関数を推定する方法が，大きく分けて三つある．

一つ目はパラメトリックな方法で，その確率変数が従っている分布を仮定し，そのパラメータだけを推定する．たとえば，正規分布ならパラメータは平均と分散だけを推定する．そのようなパラメータを推定する方法に最尤法や最小二乗法などがある．

ノンパラメトリックな方法は，パラメトリック法のように分布を仮定しないで，確率密度関数を推定する．高度な方法にカーネル密度推定，K 近傍法やプラグイン法などがある．

セミパラメトリックな方法は，二つの中間的な方法で，分布を正規分布の重ね合わせで表現する方法 (混合正規分布モデル GMM) がある．この方法では，たくさんの正規分布を重ね合わせることで，さまざまな分布を表現することができる．分布の形を仮定せず，正規分布の数と，重ね合わせる正規分布の各パラメータで分布を構成する．もっとも，実務上はヒストグラム法でグラフの概形を判断すれば十分なため，ここでは簡単に紹介するにとどめる．

3.3.2 累積分布関数

累積分布関数は，確率変数の値が x より大きくなる確率を与える関数と定義される．**CDF(Cummulative Distribution Function)** と略される．具体的には，確率密度関数 f を用いて，

$$F(x) = P(X > x)$$
$$= \int_x^\infty f(x')dx' \tag{3.7}$$

と定義される関数 F を，確率変数 X の**累積分布関数 (CDF)** とする．ただし，定義によっては，等号を含み，

$$F(x) = P(X \geqq x) \tag{3.8}$$

となる場合も多い．累積分布関数は，データ解析においてはおもに，次のような点で使われている．

- 分布のすその様子を確認する (べき分布の指数など)．
- PDF のように任意パラメータを使わずに分布をみる．

また，次のような利点が存在する．

- 確率密度関数よりグラフを描くのが簡単．
- データと CDF は 1 対 1 に対応する．
- 箱を区切る必要がないため，データ数が比較的少なくてもある程度きれいに描ける．

このような理由から，分布を描く場合，累積分布関数を使用することが多い．

用語に関する注意　統計や数学の教科書などでは，$G(x) = 1 - F(x)$ を累積分布関数と呼ぶ．また，ここで紹介している累積分布関数は相補累積分布関数 (CCDF) と呼ばれる．しかし，この本来の累積分布関数の定義では，分布のすそ部分について議論することが難しいため，ここでは定義した $F(x)$ を中心に議論を進める．そのため，$F(x)$ を累積分布関数と呼び，$G(x)$ のことを議論するときには，その都度明記することにする．

3.3.3　データと累積分布関数

(3.7) 式からわかるように，累積分布関数を微分し，符号を逆にすると確率密度関数になっているため，累積分布関数の描画には先述の方法で求めた確率密度関数を累積すればよいように考えるかもしれない．しかし，ヒストグラム法から確率密度関数を推定する場合は，ヒストグラムの箱の大きさをどのように決めるかなどの問題があり，箱の大きさが異なると推定結果が変わってしまう可能性さえある．よって，確率密度関数の推定法が変われば，そこから求められる累積分布関数の結果が変わってしまう．

ここで紹介する方法では，データの数 N 個をすべて用いて，累積分布関数を求める．確率密度関数では区間の幅は解析者自身が設定する変数であったが，結果に対する解析者の主観 (グラフの概形をどう考えるか) などがすべて排除され，データと 1 対 1 で累積分布関数を求められることは非常に意味がある．

データから累積分布関数を求めるために,いま累積分布関数 $F_e(x)$ を次のように定義する.

$$F_e(x) = \frac{\#(X_i > x)}{N} \tag{3.9}$$

ここで,$\#(X_i > x)$ は,X_1 から X_N のデータのうち x より値が大きいデータの数を意味する.これは,累積分布関数の性質である,0 と 1 の間の値をとること,減少関数であることなどを満たしている.分布の形状は,$1/N$ の単位で下がる階段関数になっている.

厳密にいうとデータから得た分布は真の分布の一つの実現値であるので,真の分布とデータから得た分布は異なる.そのため,統計学等では必要がある場合は,データから得られる分布関数を**経験分布関数**といって区別する.ここでは今,十分大きいサンプル数のデータを用いているので,$F_e(x)$ は真の累積分布関数 $F(x)$ と一致する (ことが期待される).そのため,両者を区別しないで累積分布関数と呼ぶことにする.

累積分布関数のグラフを描く

繰り返しになるが,確率密度関数を経由 (積分する等) して累積分布関数を求める方法は,厳密な結果を得たい場合にはほとんど使われない.実際に用いられるのは,データのソートで累積分布関数 $F_e(x)$ を求める方法である.**任意性がなくデータから一意に決められる**ためよく使われる.

累積分布関数の求め方

累積分布関数の定義が等号を含む場合: $F(x) = P(X \geq x)$

(1) N 個のデータを大きい順に並び替える.
(2) 一番大きいデータから順番に,1 から N まで順位 R をつける.
(3) データの値を横軸に,R/N を縦軸にプロットする.
(4) 最後にグラフの左端が 1 になっていることを確認して,できていれば終了.

累積分布関数の定義が等号を含まない場合は,(2) において 0 から $N-1$ まで番号付けすればよい.この二つの定義は N が大きい場合ほとんど変わらない.

この手法の実装を考える．例として，data.dat には累積分布関数を求めたいデータ (ここでは，10000 個の [1,4) (1 以上 4 未満) の一様乱数) が記録されているものとする．

[data.dat の内容]

```
$ cat data.dat
2.313757
2.019877
3.199177
1.340352
2.872309
```
⋮

観測された N 個の値が 1 列目に記録されているデータである．累積分布関数を求めるためには，データ数を数え，ソートをする．

[シェルスクリプトでの実装]

データ数を確認する．
```
$ wc -l data.dat
10000 data.dat
$ sort -gr data.dat | awk '{print $1,NR/10000}'
3.999716 0.0001
3.998812 0.0002
3.998812 0.0003
3.998802 0.0004
3.998561 0.0005
```
⋮

以上の出力をリダイレクトで書き出し，gnuplot などで描画することで累積分

布関数を求めることができる．C 言語であれば，qsort という関数を用いて次のように実装される．

[C 言語での実装]

```
int double_comp(const void *_a, const void *_b)
int main(void) {
    int i;
    //データを格納した配列 (読み込む過程は省略)
    double data[N];
    qsort(data, N, sizeof(double), double_comp);
    for(i = 0; i < N; i++){
        printf("%d %lf\n", (i+1)/N, data[i]);}
}
//qsort での順序を定義づける関数を作る
int double_comp(const void *_a, const void *_b) {
  double a = *(double *)_a;
  double b = *(double *)_b;
  if (a > b)
    return -1;
  else if (a < b)
    return 1;
  else
    return 0;
}
```

以上の出力を書き出せば，累積分布関数を求めることができる．たとえば，この data.dat のデータから確率密度関数，累積分布関数をそれぞれ求めると図 3.3 のようになる．

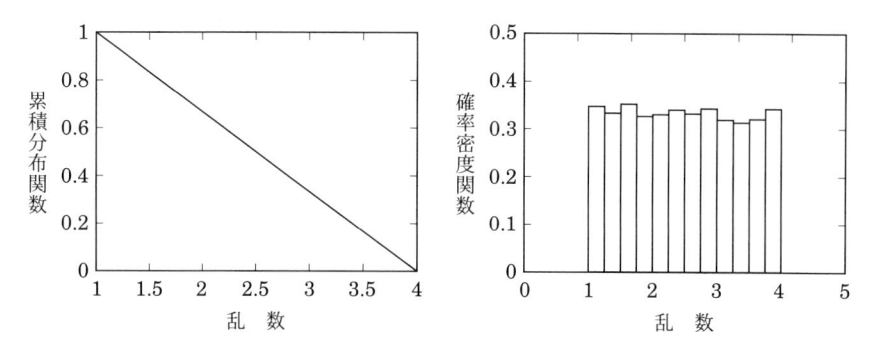

図 3.3 描画した累積分布関数 (左) とヒストグラム法で描画した確率密度関数 (右). [1,4) の一様分布に従う乱数は，直線の累積分布関数と一定値を持つ確率密度関数となる．発生する乱数の個数を多くすることで，より正確に推定することができる．

演 習 問 題

演習問題で必要となるデータ，解答や追加の情報などは，本書の Web サイト (http://www.smp.dis.titech.ac.jp/book_bigdata.html) を参照．

|問題 3.3.1| データの解析 1
本書の Web ページに与えたデータに対して，次の操作を行う (本文中の data.dat と同じものをダウンロードする)．
(1) 区間幅を変え確率密度関数を見積もれ．
(2) 累積分布関数を求め図示し，図 3.3 と同じになることを確認せよ．

|問題 3.3.2| データの解析 2
時系列データ (Web ページからダウンロードする) に対して，次の操作を行う．
(1) 与えられたデータの時系列を図示せよ．
(2) 差分時系列を求め図示せよ．
(3) 時系列の差分の絶対値を区間幅を変え確率密度関数を見積もってみよ (両対数での取扱いが適切)．
(4) 累積分布関数を求め両対数表示で図示し，確率密度関数とどのような違いがあるか議論せよ．

問題 3.3.3 分布の特性

問題 3.3.2 で扱われたデータは，経済データを模して作られたデータである．図示した分布はべき分布と呼ばれる分布となり，両対数表示のグラフ上で直線領域を持つはずである．gnuplot で関数形 $Ax^{-\alpha}$ のべき指数 α を変えて表示し，データから得られた分布に平行になるガイドラインを引くことでべき指数を見積もってみよ (A は適当に変える)．

3.4 乱数

乱数列とは，でたらめに並んだ数の列のことをいう．もしくは，**先の予測できない数列**のことをいう．また，**乱数列の要素のことを乱数**という．たとえば，サイコロをなげ，その値の 1 回目を S_1，二回目を $S_2, \cdots$ とすると $S_1, S_2, \cdots$ は 1 から 6 の値をランダムにとる乱数列である．コイン投げを何度も行い，表を 1，裏を 0 とし，$S_1, S_2, \cdots$ に代入していくと，0 と 1 から成る乱数列が得られる．

サイコロの例の乱数列は，1 から 6 までの値をそれぞれ確率 1/6 でとる分布に従い，コインの例では確率 1/2 の二項分布 (0,1 の値を確率 1/2 でとる分布) に従う．このように**数列 s が特定の分布 F に従う独立な確率変数の列の実現値の一つとみなせる場合**，「乱数列 s は確率分布 F に従う」という．

ランダムな現象のシミュレーションや，確率変数を含むモデルの数値実験や数値積分は，乱数 (列) を用いて行う．そのため，乱数 (列) を得る必要がある．乱数列を得るには正確なサイコロである乱数サイを利用する方法，ランダムに変動する自然現象を応用した装置を利用する方法，それらを元に作られた乱数の表である乱数表を利用する方法がある．しかし，シミュレーションをする際，それらの実験的な方法は実用上便利でないため，**現実的には人工的に生成した，乱数列にみえる数列である疑似乱数 (列)** を利用する．

ここでは，シミュレーションを行う上でも問題ない程度の，真の乱数に似た数列を作ることができることを紹介し，次にいろいろな分布に従う疑似乱数の発生方法を述べる．特に真の乱数と区別するときを除いて，疑似乱数のことを単に乱数と表現する．

3.4.1 乱数の生成

ランダムな現象 (確率変数を含むモデル) をシミュレーションするときなど，任意の分布に従う乱数を生成する必要がある．ほとんどの場合，次の 2 ステップで発生させる．

(1) 一様分布に従う乱数を生成する．
(2) 各乱数を関数で変換し，任意の分布に従うようにする．

一様分布に従う乱数の発生は，多くの場合 C 言語の rand 関数やメルセンヌツイスタのような既存のプログラムを利用することが多い．このように発生させた乱数がもつ特徴の一つは，乱数の種 (乱数を発生させるために必要な初期値) さえ記録しておけば，何度でも同じ乱数列を再現できるということである．シミュレーション結果の再現のため，乱数の種をシミュレーションごとに記録しておくことが望ましい．

ここではまず，一様分布に従う乱数の生成方法の概要とその特徴を述べ，最後にいろいろな分布を一様分布から変換して生成する方法を述べる．

3.4.2 一様乱数

一様分布に従う乱数のことを**一様乱数**という．ここでは，その一様乱数を生成するアルゴリズムを述べる．一様乱数を生成するアルゴリズムは，線形合同法，M 系列を利用する方法，メルセンヌツイスタなどさまざまな方法が知られている．これらにはそれぞれ特徴があり，その特徴に応じて使い分けられている．ただし，現状で簡単に利用でき，汎用的に良いとされるアルゴリズムは，メルセンヌツイスタ (MT) である．特に，問題がなければメルセンヌツイスタ (もしくはその改良版である SFMT) を使うことを勧める．

このように，いくつかある一様乱数生成法には，どのような違いがあるのだろうか？ 一言でいうと，よい方法で発生させた疑似一様乱数は，本物の一様乱数に近い性質を持つ．それに加え数値実験をする上で，乱数を発生する速度が速いこと，つまり短時間により多くの乱数を生成できる方法が良いとされる．一様乱数の場合の「良い乱数」とは次のようなものである．

- 本物の乱数列に似ていること．
  - 数列に相関がない，もしくは小さいこと．

- 各数字の出現頻度が一様であること．
  - 上記に対して仮説検定を行い統計学的に有意であること．
- 周期が長いこと (疑似乱数は本物の乱数と異なり，ある周期で同じ数列を繰り返す．この周期ができる限り長いほうがよい)．
- 乱数発生の速度が速いこと (実用上，短い時間でたくさん乱数を発生できるほうがよい)．
- 再現性がある．

□ **線形合同法**　一様乱数を発生させるアルゴリズムの一つに線形合同法が知られている．この線形合同法は，C 言語でよく使われる rand 関数[7]などに実装されていて，利用は容易であるが，できる限り使用すべきでない．

線形合同法は，次の漸化式で乱数を発生させる．

$$X_n = aX_{n-1} + c \pmod{M} \tag{3.10}$$

ただし，a, c, M は定数．$M > a, M > c, a > 0, c > 0$ である．つまりある値を線形変換し，その値を M で割った余りを求め，それを次の値とする．これで $[0, M-1]$ の一様乱数を発生できる．0 から 1 の一様乱数を発生する場合，これを M で割って $[0, 1)$ に規格化することで得られる．

線形合同法は以下の特徴をもつ．

- 0 から $M-1$ までの乱数を生成できる．
- n 番目の乱数の値は $n-1$ 番目の乱数の値により決まる．
- 1 周期中に同じ数は 2 度出てこない．
- 最大周期は M．
- 結晶構造がある (図 3.4 参照)．

また，下記の条件を満たさなければ最大周期は実現しない．

- c と M が互いに素．
- $a-1$ が M の持つすべての素因数で割り切れる．
- M が 4 の倍数である場合は，$a-1$ も 4 の倍数である．

---

[7] C 言語の仕様書 JISX3010 によると，発生法は厳密には指定されていないことがわかる．また最大値も決められていない．このため，C 言語の rand 関数は環境に強く依存すると考えられ，高精度が求められるシミュレーションには使うべきでない．

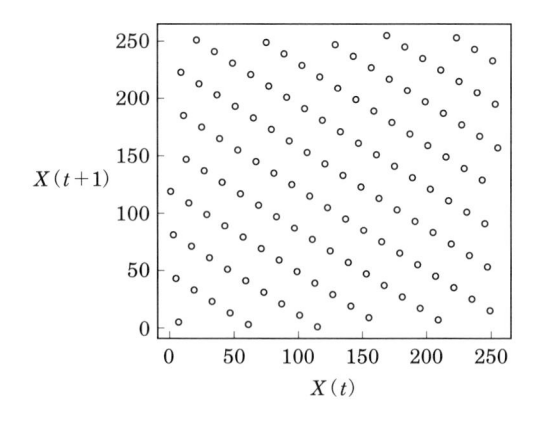

図 **3.4** 線形合同法で作った乱数の結晶構造，$a=1103515245, c=12345, M=2^8$ とした．2次元平面で規則的に点列が並んでいることが確認できる．平面上の256・256＝65536個の点のうち128点しか網羅できていないことがわかる．このように2次元で規則的かつ疎に並ぶことを2次元疎結晶性という．これは乱数を二つ組み合わせて使う場合，適さないことを意味する．

- M は X_n よりも大きい．

たとえば，上の条件を破るような値の組 $a=1103515245, c=12345, M=2^8$ と初期値1で作った乱数列は，すべて奇数である (下の方の桁の周期が短い) ことが確認できる．

線形合同法による乱数を，複数個を組み合わせて用いる場合には注意が必要で，線形合同法では，2次元以上の高次元で乱数が規則的に並ぶ疎結晶性が知られている．図3.4は2次元の疎結晶性の例である．2次元平面上で乱数の組が，ランダムでなく規則的にならんでいることが確認できる．また実際には，2次元平面の点のうち，少ない点しかとっていない．このようなことが起こる理由は，線形合同法では一周期では同じ値が2度と出ないことによる．はじめに4の値を出すと，その後4の値は出ないので，4番目の列と4番目の行は一周期の間は値をとらない．次に，6が出たとすると6の行と6の列の値は以後現れなくなる．このように，一つの行と列には一つの点しかとれないため，2次元で疎かつ規則的に並ぶことになる．このため使用には注意を要する乱数列である．

□ メルセンヌツイスタ法 (MT 法)　現状で一番良い方法の一つとされている一様乱数の発生方法である．メルセンヌ素数を利用して発生させる点が特徴である．開発者の Web サイト[8])によると，メルセンヌツイスタ法は，松本 眞・西村拓士により 1996 年から 1997 年にわたって開発された乱数生成アルゴリズム [9] で，従来のさまざまな生成法の欠点が考慮されていることが分かる．特に長周期，高次元空間での均等分布[9])や生成速度などが他の手法に比較して優れている．

メルセンヌツイスタ法によって乱数を生成するには，脚注 8 の Web サイトで公開されているコードを用いるのが最も簡便である．まず，上記 Web サイトから最新版の dSFMT アルゴリズム (2013 年 12 月時点で dSFMT-src-2.2.3zip が最新) のプログラムをダウンロードする．解凍後のフォルダから，dSFMT.c, dSFMT.h, dSFMT-params.h, dSFMT-params19937.h の四つのファイルを作業フォルダに移す．

メルセンヌツイスタ法での乱数の発生

以下の内容の Ransu.c ファイルを作業フォルダに作成する．作業フォルダ内には，Ransu.c, dSFMT.c, dSFMT.h, dSFMT-params.h, dSFMT-params19937.h があることを確認する．

[Ransu.c]

```
#include <stdlib.h>
#include <stdio.h>
#include "dSFMT.h"

int main(){
    int Seed=10;
    dsfmt_t dsfmt1;
    dsfmt_init_gen_rand(&dsfmt1,Seed);
```

[8)] URL は，http://www.math.sci.hiroshima-u.ac.jp/~m-mat/MT/mt.html
[9)] 周期が $2^{19937-1}$ で，623 次元超立方体の中に 均等に分布することが証明されている．

```
    int i;
    for(i=0;i<5;i++){
        printf("%f\n",dsfmt_genrand_close_open(&dsfmt1));
    } }
```

dsfmt_init_gen_rand() に，乱数の種 Seed を与え，初期化する．実際に乱数が出力されるのは，dsfmt_genrand_close_open(&dsfmt1) であり，これをプログラム内で呼び出すたびに乱数が出力される．サンプルプログラムでの dsfmt_genrand_close_open() 関数は，$[0,1)$ の一様乱数を発生させる関数であり，他にも dSFMT.c 内には，さまざまな関数が用意されている[10]．以上のサンプルプログラムは次のコマンドによって，コンパイルを行う．

```
gcc -o Ransu.exe Ransu.c dSFMT.c
```

dSFMT.c を同時にコンパイルすることと，Ransu.c 内で dSFMT.h を呼び出す必要がある．

[出力結果]

$ ./Ransu.exe
0.683328
0.372357
0.497061
0.605407
0.511748

3.4.3 さまざまな分布に従う乱数

次は，関数によって，一様乱数を任意の分布に従う乱数に変換する方法を紹介する．

ある分布に従う乱数を発生させたいとき，ほとんどの場合は，確率密度関数

---

[10] リファレンスは解凍したフォルダ内の /html/index.html に存在する．

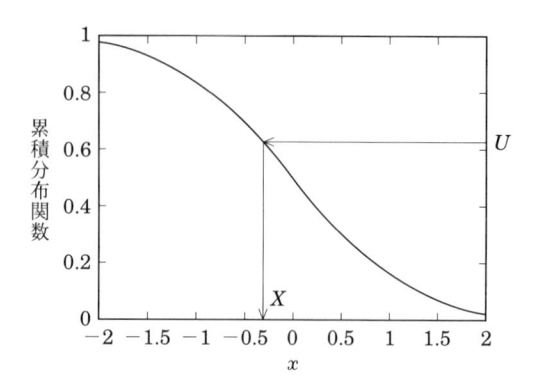

図 3.5　逆関数法で分布 $F(x)$ に従う乱数が得られる原理．[0,1) の一様乱数 U はグラフの縦軸から一つ値を決めることに対応し，累積分布関数の逆関数 F^{-1} によって乱数 X を得る．

を仮定する．それは確率密度関数の表式が既知の場合と未知の場合に分けられる．確率密度関数が既知なら**採択棄却法**が，未知なら**二者択一法**が有用である．確率密度関数の表式が既知の場合で，特に累積分布関数の逆関数の表式も既知の場合には，**逆関数法**と呼ばれる方法が実装も簡単で有用である．

□ **逆関数法**　一般に，一次元の確率分布に従う任意の確率変数は逆関数法で作ることができる．累積分布関数 $F(x)$ に従う乱数 X は次のアルゴリズムで発生できる．

逆関数法

確率密度関数 $f(x)$ に従う乱数を発生させる．累積分布関数 $F(x)$ を $F(x) = \int_x^\infty f(x')dx'$ のように定義する．
(1)　[0,1) 上の一様乱数 U を発生させる．
(2)　$X = F^{-1}(U)$ の関数で U を変換する．

累積分布関数の逆関数を利用するため逆関数法と呼ばれる．

逆関数法は図 3.5 のように累積分布関数の x 軸と y 軸を 1 対 1 で対応付けていると考えるとわかりやすい．また，一様乱数からの変換で得られた確率変数 $X = F^{-1}(U)$ が従う累積分布関数 $F_R(x)$ は

$$F_R(x) = P\{X \geq x\}$$

$$\begin{aligned}&=P\{F^{-1}(U)\geqq x\}\\&=P\{U\leqq F(x)\}\\&=F(x)\end{aligned} \tag{3.11}$$

となる．これにより，乱数の従う分布 $F_R(x)$ は指定する分布 $F(x)$ と等しくなる．

たとえば，逆関数法で平均 μ の指数分布に従う乱数を発生させたいときは次のようにすればよい．

$$\begin{aligned}F(x)&=e^{-x/\mu} \quad (x\geqq 0)\\F^{-1}(x)&=-\mu\log(x)\end{aligned} \tag{3.12}$$

つまり，$X=-\mu\log(U)$ である．ここで，U は $[0,1)$ の乱数である．

その他の分布についてもまとめておく．

- ワイブル分布

$$F(x)=\exp(-x^\alpha), \quad X=(-\log(U))^{\frac{1}{\alpha}} \tag{3.13}$$

- 二重指数分布 (ガンベル分布)

$$F(x)=1-\exp(-\exp(-x)), \quad X=-\log(-\log(U)) \tag{3.14}$$

- コーシー分布

$$F(x)=1-\frac{1}{\pi}\tan^{-1}(x), \quad X=\tan(\pi U) \tag{3.15}$$

- ロジスティック分布

$$F(x)=1-\frac{1}{1+e^{-x}}, \quad X=\log\left(\frac{U}{1-U}\right) \tag{3.16}$$

- 最大値，最小値の分布 $X_1,X_2,\cdots,X_n$ はそれぞれ累積分布関数 F' に従い，独立とする．

$$\begin{aligned}Y&=\max(X_1,X_2,\cdots,X_n),\\Z&=\min(X_1,X_2,\cdots,X_n)\end{aligned} \tag{3.17}$$

このとき，

$$F(y) = 1 - (1 - F'(y))^n,$$
$$F(z) = F'(z)^n \tag{3.18}$$

なので

$$Y = F'^{-1}(1 - U^{1/n}),$$
$$Z = F'^{-1}(U^{1/n}) \tag{3.19}$$

ちなみに，離散分布 $X = x_1, x_2, \cdots$ が確率 $p_1, p_2, \cdots$ の分布に従う場合

$$X = x_k, \quad \sum_{i=1}^{k-1} p_i < U \leqq \sum_{i=1}^{k} p_i \tag{3.20}$$

のとき U を発生させ，その値がどの範囲に入るかで，どの x_k を出力するか決める．この方法は効率的でないので，要素の個数が有限個の場合は後に示す二者択一法が良い．

□採択棄却法　任意の連続分布に対して，乱数を発生させる一般の方法である．乱数を発生させたい確率密度関数の表式は既知だが，逆関数が簡単に計算できないときなどに使用するとよい．発生させたい分布の確率密度関数 $f(x)$ に比較的近い分布の確率密度関数 $g(x)$ とする．ただし，分布を発生させようとする範囲内のすべての x について，

$$f(x) \leqq cg(x) \quad (c > 1) \tag{3.21}$$

となるようななるべく小さい c をとる．採択棄却法はこの f と g を用いて，採択確率 $h(x) = f(x)/cg(x)$ として，次の手順で乱数を得る．

(1) $[0,1)$ の一様乱数 U を発生させる．
(2) 分布 $g(x)$ に従う乱数 V を発生させる．
(3) $U \leqq h(V)$ ならば X に V を代入し，それ以外ならば 1 に戻る．

$g(x)$ には，一様分布がよく使われる．

確率密度関数 $g(x)$ に基づいて，乱数を N 個発生させるとき，値が x となる乱数の個数の期待値は $Ng(x)$ 個である．倍率 c により，個数は $cNg(x)$ 個と考える．x の値を持つ乱数が $Nf(x)$ 個となるためには，$cNg(x)$ 個の乱数についてそれぞれを採択確率 $h(x)$ で採択すればよいことになる．ここで，c は採択確率が 1 を上回らないように調整するためのものである．このようにして，

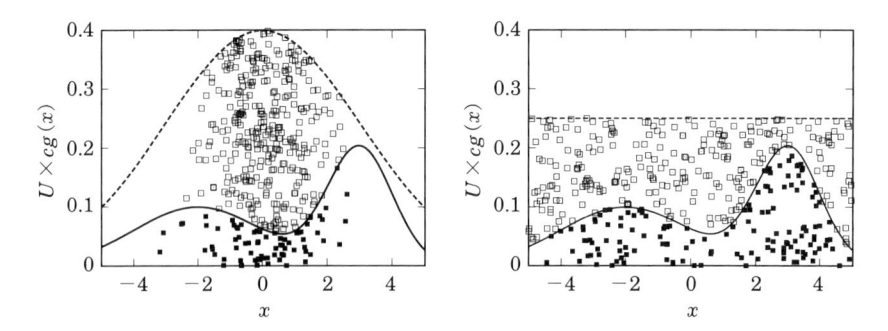

図 3.6 未知の分布 $f(x)$ (実線) に対して，$g(x)$ (破線) を正規分布として乱数を発生させた様子 (左) と一様分布として発生させた様子 (右)．どちらも，乱数は 1000 組発生させている．$g(x)$ の候補となる確率密度関数によっては，目的の分布に従う乱数がうまく生成できないことも起きる．このことから，ほとんどの場合，$g(x)$ に一様分布が用いられる．

乱数を発生させた場合，図 3.6 のようになる．適切な $g(x)$ を選ばないと，採択されない無駄な乱数がたくさんできてしまう．さらには，図 3.6 (左) のように $g(x)$ で発生させる乱数に偏りがあると，目的の累積分布関数に従う乱数を発生させるのが困難となることもある．

改良版に奇偶法や，一般化奇偶法などがある．

□ **二者択一法** 一般には，データがどのような分布に従っているかは非自明である．何らかの数値実験で，関数形のわからない一般的な離散分布に従う乱数を生成したいときは，二者択一法が有用である．まず，取りうる値の個数が有限個で，確率変数 $x_1, x_2, \cdots, x_n$ が確率分布 $p_1, p_2, \cdots, p_n$ に従うとする．このとき，乱数発生前の下準備として v_k と a_k というものを次の手順で決めておく．

(1) $v_k = np_k$ $(k=1,2,\cdots,n)$．
(2) $v_k \geqq 1$ を満たす k の集合を G，$v_k < 1$ である k の集合を S とする．
(3) S が空でない限り，次を繰り返す．

  (i) G の要素を一つ選ぶ (それを i とする)．S の要素を一つ選ぶ (それを j とする)．
  (ii) a_j に i を代入する．
  (iii) v_i に $v_i - (1-v_j)$ を代入する．
  (iv) $v_i < 1$ ならば，G の要素 i を取り除いて S に移す．

(v) S の要素 j を集合から取り除く.

a_k の中には値が定まらないものがあるが，それは乱数発生段階では使われないので，気にしなくてよい．以上の手順で定めた v_k と a_k を用いて，乱数を次のように発生させていく．

(1) $[0,n)$ 上の一様乱数 $V=nU$ を発生する.
(2) k に V の整数部分に 1 を加えたもの，u に k から V を減じたものを代入する．
(3) もし，$u \leqq v_k$ ならば，乱数として x_k を採用し，そうでなければ，x_{a_k} を採用する．

他の一般の分布を出す方法に，指数分布の比を利用する方法 (Kinderman-Meonahan の方法)，確率分布を合成する方法などがある

正規分布に従う乱数

時系列解析などでは，正規分布に従うノイズなどが多く仮定される．しかしながら，正規分布の累積分布は，陽にはその表式を得られないので逆関数が計算できない．ここでは，正規分布に従う乱数を発生させるための手法を紹介する．

□ボックスミューラー法 (極座標法)　平均 0, 標準偏差 1 の標準正規分布 $N(0,1)$ に従う乱数の発生させるには，次の変換式を用いる方法が最も簡単である．

$$\begin{aligned} X_1 &= \sqrt{-2\log(U_1)}\cos(2\pi U_2), \\ X_2 &= \sqrt{-2\log(U_1)}\sin(2\pi U_2) \end{aligned} \quad (3.22)$$

U_1, U_2 は $[0,1)$ のそれぞれ独立な一様乱数．X_1, X_2 は平均 0, 標準偏差 1 の正規分布に従う乱数が発生できる．実装する際には，X_1 か X_2 のどちらかを発生させればよい．もし，平均 μ, 標準偏差 σ の正規乱数 $N(\mu, \sigma^2)$ を発生させる場合は，

(1) 二つの独立な一様乱数 U_1, U_2 を生成する，
(2) $X = \sqrt{-2\log(U_1)}\cos(2\pi U_2)$ を計算，
(3) $\sigma X + \mu$ を出力

となる．ボックスミューラー法は，2次元標準正規分布に従う (X_1, X_2) において，二つの確率変数の独立性を仮定して，同時確率分布 (同時確率については 4 章を参照) を次のようにおく．

$$f(x_1, x_2) = \frac{1}{2\pi} e^{-\frac{x_1^2 + x_2^2}{2}} \quad (3.23)$$

極座標をとり，変数 r, θ を考える．

$$\begin{aligned} X_1 &= r\cos\theta, \\ X_2 &= r\sin\theta \end{aligned} \quad (3.24)$$

r^2 の分布は平均 2 の指数分布 (つまり，r^2 は $-2\log(U_1)$ で生成できる) に従い，偏角 θ の分布は f が円周上で定値を与えることから一様分布 $[0, 2\pi)$ に従う ($2\pi U_2$ で生成できる) ことを利用したものである．

□ **中心極限定理による方法**　中心極限定理は，分散が存在する任意の母集団から無作為に抽出した確率変数の標本平均は正規分布に従うことを言う．ここでは，$[0,1)$ のそれぞれ独立な k 個の一様乱数 $U_1, U_2, \cdots, U_k$ を正規化する[11]ことで標準正規分布に従う乱数 X を発生させる．

$$X = \frac{U_1 + U_2 + \cdots + U_k - k/2}{\sqrt{\frac{k}{12}}} \quad (3.25)$$

発生させる独立な一様乱数の k 個を適当に決めることが必要である．設定した k によって標準正規乱数 X の最大最小値が決まる．たとえば $k=12$ では X の最大最小値は ± 6 となる．標準正規分布において確率変数が 6 以上 (6 以下) の値をとる確率は非常に小さく (10 億分の 2)，$k=12$ としてもこの範囲が無視されるに過ぎない．より正確な分布を得たければ，計算時間はかかるが k を大きくすればよい．

3.4.4　乱数の応用

さまざまな分布に従う乱数列は，シミュレーションをする際に必要となる．ここでは，乱数がシミュレーションにどのように利用されているのかを簡単に紹介する．

---

[11] 平均 0, 標準偏差 1 になるよう変換すること．

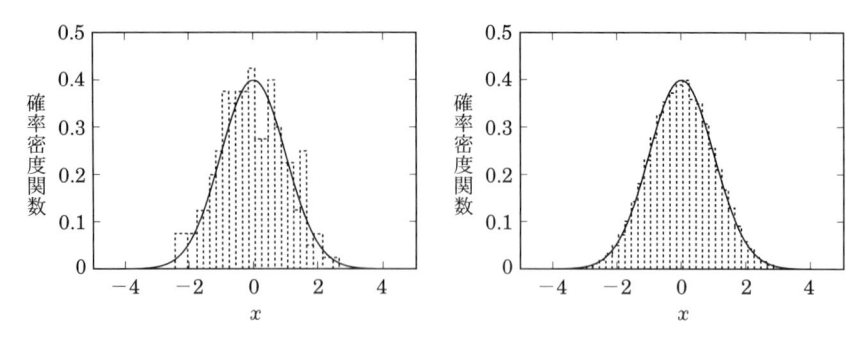

図 3.7 　$k=12$ として，式 (3.25) で定義される確率変数 X を $N=200$ 個発生させたときの分布 (左)，$N=40000$ 個発生させたときの分布 (右).

ランダムウォーク

ランダムウォークとは，最も簡単な確率モデルであり，時系列や複雑ネットワークの分野でも利用される基本的な概念である．1 次元ランダムウォークとは，x 軸上のウォーカー (=粒子) が確率 1/2 で正方向に 1 移動し，確率 1/2 で負方向に 1 移動していく過程のことである．これを確率過程として考える．たとえば，粒子は，1, 0, -1, -2, -1, 0, 1, 0, 1, 2, $\cdots$ のような経路をとる．xy 平面上の 2 次元では，上下左右の 4 方向から確率 1/4 で選ばれた方向に進んでいき，3 次元であれば前後上下左右の 6 方向から確率 1/6 で選ばれた方向に進んでいくことになる．一般には進行方向が等確率で選ばれ，移動していく過程とされる．

ここでは，1 次元ランダムウォークを考える．移動幅 Δx は先の例のように ± 1 をとるものとする (p は確率).

$$\Delta x = \begin{cases} +1 & (p=1/2) \\ -1 & (p=1/2) \end{cases} \tag{3.26}$$

原点から出発した t 回目の移動後のウォーカーの位置 $x(t)$ は，毎回の移動幅 Δx の和となる．もちろん，実際の時系列データは，必ずしも 2 値の過程ではない．たとえば，移動幅 Δx が標準正規分布 $N(0,1)$ に従うようなものも考えられる．どちらの場合も，時間 t が十分大きいとき，中心極限定理が適用でき，正規分布に従うことがわかる．つまり，ウォーカーが $x(t)$ にいる確率 $P(x=x(t))$ は，次のようになる．

$$P(x=x(t)) = \frac{1}{\sqrt{2\pi t}} \exp\left(-\frac{x^2}{2t}\right) \tag{3.27}$$

分散 σ^2 が時刻 t の関数 $\sigma^2 = t$ として表され，ウォーカーの存在する範囲はだんだんと拡がっていく．この例では，標準正規分布 $N(0,1)$ の移動幅を考えたが，正規分布 $N(0,s^2)$ に従う移動幅であれば，$\sigma^2 = s^2 t$ となる．移動幅が大きくなれば，それだけ遠くに到達しやすいことになる．この分散 σ^2 の時間 t の係数を 2 で割った量 $\kappa = s^2/2$ はウォーカーの拡がる速さを表す指標となり**拡散係数**と呼ばれる．

時系列データにおいては，時間 τ がたったときの広がり具合を観測するには次のようにすればよい．

$$\sigma(\tau) = \sqrt{E[(x(t+\tau)-x(t)-E[x(t+\tau)-x(t)])^2]} \tag{3.28}$$

これは，τ 秒離れた 2 点間の距離の標準偏差であり，ランダムウォークの拡散と比較することで，時系列がランダムウォークに近い振る舞いをしているか調べることができる．

実際のデータ，特に為替価格時系列では次のような一般化された指数 α を持つ拡散が観測される [10]．

$$\sigma(\tau) = \tau^\alpha \tag{3.29}$$

$\alpha \neq 0.5$ (ランダムウォークと異なる) の場合，異常拡散と呼ばれる．$\alpha > 0.5$ のとき，拡散速度はランダムウォークより早く，$\alpha < 0.5$ のとき，拡散の速度がランダムウォークより遅いことになる．このような異常拡散は，大きな価格変動が起きた後は，大きな変動がしばらく続きやすいという市場の特徴に起因していると考えられている．特に，大きな値や小さな値を取る期間が持続する過程は，長期記憶過程と呼ばれ，ランダムウォークとは区別して議論される．長期記憶過程では，ハースト指数と呼ばれる時間 t の指数 H でダイナミクスが特徴づけられる．

$$\sigma^2(t) = t^{2H} \tag{3.30}$$

このようなランダムウォークとは異なる性質を再現するメカニズムに関心がもたれている．

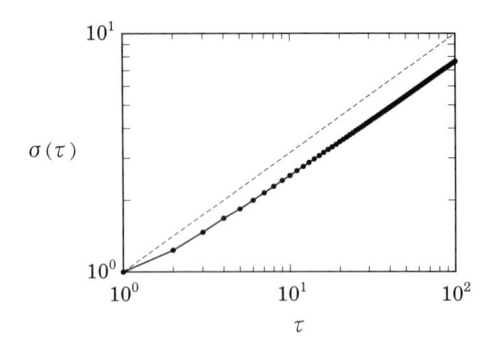

図 3.8　為替価格の時系列から観測された拡散．解析する期間によって，α が 0.5 (破線) と異なる異常拡散を示す．短い時間スケール ($\tau<10$) では，遅い異常拡散が見られる．

ランダム乗算過程

マンデルブロがべき乗の確率過程を発見して以来，為替・株価の価格や企業の成長率などさまざまな現象でべき分布をともなう時系列データが見つかってきた．それにともない，べき乗分布を生む過程に注目が集まった．ここで紹介するランダム乗算過程[12]は，べき分布を生む確率過程の一つである．

ランダム乗算過程に従う確率変数 $x(t)$ は，ある分布に従うランダムな増幅率の時系列 $b(t)$ とノイズ $f(t)$ によって時間発展していく．

$$x(t+1)=b(t)x(t)+f(t) \tag{3.31}$$

ランダム乗算過程の定常状態は解析的に解かれていて，増幅率が 1 以上になる場合と 1 以下になる場合が混在しているとき，定常分布は次の条件下で存在する [14].

$$E[\log|b|]<0 \tag{3.32}$$

このときの，$x(t)$ の定常分布はべき関数となる．

$$f(x)\propto |x|^{-\alpha-1} \tag{3.33}$$

特に，ノイズが白色ノイズであるとき，べき指数 α は増幅率の従う分布に依存する．

---

[12] ケステン過程 (Kesten Multiplicative process) ともいわれる．

$$E[|b|^\alpha]=1 \tag{3.34}$$

ランダム乗算過程は，簡単な方程式でべき分布を発生するため，多くのべき分布が出現する現象のモデル化に利用される．

演 習 問 題

演習問題で必要となるデータ，解答や追加の情報などは，本書の Web サイト (http://www.smp.dis.titech.ac.jp/book_bigdata.html) を参照．

問題 3.4.1 疎結晶性の図の作成

線形合同法で乱数を発生させ，疎結晶性の図を作成せよ．メルセンヌツイスタ法で同様に乱数を発生させて，疎結晶性が現れるか確認せよ．

問題 3.4.2 逆関数法での乱数発生

メルセンヌツイスタ法を用いて，次の分布に従う乱数を発生させ，確率密度関数 (PDF) と累積分布関数 (CDF) を求める．

(1) 一様分布 [0,1) を発生し，PDF と CDF を描け．

(2) 指数分布 (平均 2) の乱数を逆関数法で発生させ，PDF と CDF で確認せよ．

(3) 正規分布 (平均 2, 標準偏差 2) の乱数を発生させ，PDF と CDF で確認せよ．

(4) べき分布 (べき指数 $\alpha=0.5, 1, 2$, 定義域 $[1,\infty)$) の乱数を逆関数法で発生させ，PDF と CDF で確認せよ．

問題 3.4.3 重複を許さない整数乱数列

整数 [1,10000] の範囲にある整数を重複なしに 5000 個乱数として発生させよ．順番を決めるときなどに利用される．

発展問題 3.4.4 粒子の拡散

粒子の拡散についてのシミュレーションを行う．粒子は 1 次元上を動き回るとし，始め $x=0$ に一つある．また，粒子は単位時間ごとに確率 $p/2$ で $+1$, 確率 $p/2$ で -1 移動し，確率 q で粒子はその場にとどまる．ここで，$p+q=1$ が

常に成立している．

(1) この粒子の時刻 $t=10$ における位置を，10000 回乱数を変え，記録し分布を作成せよ．

(2) また $t=1,5,10,15,20$ のように時刻を変えて，分布の時間変化を確認せよ．

(3) 拡散係数 κ は確率 p に対してどのように決まるか議論せよ．

参考 1 次元の粒子の拡散方程式は次のようになる．$\rho(x,t)$ は時刻 t のときの位置 x にある粒子の密度を表す．正規分布の分散が時間変化する形になっていることに注意する．

$$\rho(x,t)=\frac{1}{2\sqrt{\pi\kappa t}}e^{-\frac{x^2}{4\kappa t}} \tag{3.35}$$

発展問題 3.4.5 ランダム乗算過程

ランダム乗算過程 (p.86) による時系列を発生させる．ノイズ $f(t)=1$ とする (p は確率)．

$$b=\begin{cases} 0 & (p=1/2) \\ c & (p=1/2) \end{cases} \tag{3.36}$$

$c=1.5, 2.0, 2.5$ の場合で行う．発生させた系列 $x(t)$ の累積分布を書き，$E[b^\alpha]=1$ のべき指数となっているか確認せよ[13]．

発展問題 3.4.6 AR モデル

定常時系列を予測する最も簡単な時系列モデルの一つに AR (自己回帰) モデルがある．

$$x(t+1)=c+\sum_{i=1}^{M}a_i x(t-i)+\varepsilon(t) \tag{3.37}$$

c は定数項，M は自己回帰の次数，a_i は自己回帰係数，$\varepsilon(t)$ は標準正規分布 $N(0,1)$ に従うノイズである．注釈の条件に合うよう自己回帰係数を設定し，

---

[13] たとえば，$c=2.2$ のとき，$\frac{0+2.2^\alpha}{2}=1$ となる α は 0.342 となる．つまり，観測される確率密度関数のべき指数は 1.342 となる．

ARモデルによって生成した時系列をgnuplotでプロットせよ[14]．

発展問題 3.4.7 ARCH・GARCHモデル

為替価格の変動は，時期によって大きな揺らぎを持つ状態が続いたり，小さな揺らぎが続いたりすることが経験的に知られている．時系列の分散に関するこのような性質は，ARCHモデルやGARCHモデルで記述される．株価の収益率は，すその広い分布を形成し，次式で定義されるGARCHモデルは，その分布を近似することができる[15]．

$$\sigma^2(t+1) = c + \sum_{i=1}^{p} a_i x^2(t-i) + \sum_{i=1}^{q} b_i \sigma^2(t-i),$$
$$x(t) = \sigma(t)\varepsilon(t) \tag{3.38}$$

$x(t), \sigma(t)$ は時刻 t の時系列の変動幅と変動幅の標準偏差を表す．その他の文字の定義は AR からの類推で自明なので省略する．ここでは，$1 > a_i > 0$, $1 > b_i > 0$ を満たす回帰係数を設定し，変動の時系列を生成せよ．また，その分布がべき分布になっていることを確認せよ．

3.5 分布と統計量

母集団を知るために標本をとる場合は片寄りがあってはいけない，たとえば，母集団として日本全国の企業をとる場合は，建築業ばかり多くても，サービス業ばかり多くても母集団を正しく推測することができない．片寄りをなくすためには，母集団のなかのどの要素も選ばれるチャンス(確率)を同じにすることが必要である．これを無作為抽出法，ランダムサンプリングといい，得られた標本を**無作為標本**，ランダムサンプルという．

この抽出した N 個の標本 $X_1 = x_1, X_2 = x_2, \cdots, X_N = x_N$ の実測値にもとづいて，母集団分布，母平均，母分散等を推定する．つまり，**全体から偏りなく取り出した一部から全体の特性を知ろう**というのがここでのテーマである．

前節で，分布を一般的に説明したが，ここでは，分布の持つ特性をその統計

---

[14] 設定する a_i によって，式 (3.37) は定常とも非定常ともなりうる．特に，定常となるときの必要条件として，$|a_i| < 1$ が満たされているとき AR モデルという．与えられた時系列データから自己回帰係数を決める方法にレビンソンのアルゴリズムがある．

[15] $\beta_i = 0$ となるとき ARCH モデルとなる．

量に注目して論じる．平均や分散のような量を一般化した概念となる要約統計量とはデータの統計処理をする上で基本となる概念である．標本から得られたこの統計量を調べることで分布を特徴づけ，議論することができるようになる．

加えて，統計処理をする上では外れ値の影響が支配的となる場合もあり，統計量を求めるときに特殊な操作が必要なこともある．外れ値の影響を受けにくい統計量を知り，分布の特性を正しく抜き出す方法について議論する．

3.5.1 分布とモーメント

モーメントとは平均や分散のように分布を特徴づける量のことである．たとえば，正規分布は平均と分散が与えられれば分布を正確に再現できるという点で，平均と分散が分布を特徴づける量と言える．平均や分散はそれぞれ1次，2次のモーメントとしてよく知られていて，確率密度関数 $f(x)$ で次のように定義されている．

$$平均：\mu = E[x] = \int x f(x) dx, \tag{3.39}$$

$$分散：\sigma^2 = E[(x-\mu)^2] = \int (x-\mu)^2 f(x) dx \tag{3.40}$$

一般の分布に対しては，平均，分散より高次のモーメントまで考えることで分布が特徴づけられることも多い．確率論においては α を中心とした一般化されたモーメントは次のように定義される．

$$\alpha に関する n 次モーメント：E[(x-\alpha)^n] = \int (x-\alpha)^n f(x) dx \tag{3.41}$$

ここで，$\alpha = 0$ のとき単に n 次モーメント μ_n と呼ばれることが多い．

モーメントが分布を特徴づける量であることは，母関数という概念で理解できる．母関数とは数列 $\{a_n\}$ の情報を係数にもつ，べき級数である．モーメント母関数 $M(t)$ は n 次のモーメント μ_n の情報を係数にもち，次のように定義される．

$$M(t) = \sum_n \frac{\mu_n}{n!} t^n \tag{3.42}$$

定義から，n 次のモーメント μ_n は原点まわりのモーメント母関数の微分係数で書き表すことができる．

$$\mu_n = \left.\frac{d^n M(t)}{dt^n}\right|_{t=0} \tag{3.43}$$

このように定義された母関数は確率密度関数のラプラス変換 (正確には $M(-t)$) となっている．

$$\begin{aligned} M(t) &= \sum_n \frac{\mu_n}{n!} t^n \\ &= \int \left(\sum_n \frac{(tx)^n}{n!}\right) f(x) dx \\ &= \int e^{tx} f(x) dx \end{aligned} \tag{3.44}$$

このことからわかるように，ある分布の確率密度関数がわかれば，モーメントを計算することができる．逆に，n 次のモーメントがわかれば，分布は理論的には再現できる．しかし，データを解析する上ではすべてのモーメントを推定することは現実的ではなく，有限個の標本や外れ値の存在する標本ではモーメントの推定は困難である．

3.5.2　べき分布とモーメント

モーメントによる分布の特徴づけは，理論上取り扱いやすく，実際に多くの統計手法で暗に仮定されている．多くの場合，理論の背景に想定されているのは正規分布や指数分布などの分布である．しかしながら，現実では，それらとは異なる分布に従う確率変数も存在する．そのような確率変数に従っているデータにおいて，統計処理を行う場合，観測された分布に対して統計手法が適切なものであるかに注意する必要がある．与えられた分布に対して，どのような量を見ることが正しいのだろうか．

なかでも，次に紹介するべき的なすそを持つ分布は重要である．べき分布は，為替価格差の分布 [11]，所得が大きい領域での個人所得の分布 [12]，文章中の単語の頻度分布 [13] など，社会現象，自然現象問わずさまざまな現象で見つけられている．この分布においては平均や分散といった基本的な量の取り扱いに注意しなければいけない．社会データや経済データに頻出するこのような分布を例として，正しい統計量の見方を議論する．

以下の累積分布関数に従う分布をべき分布[16]という．

$$P(\geq x) = Ax^{-\alpha} \qquad (x \geq A^{\frac{1}{\alpha}}) \tag{3.45}$$

ここで，A は規格化定数である．

べき分布はすそが厚いことを特徴とする分布である．極端に大きな値をもつ現象が正規分布より起こりやすい．大きな現象の起こりやすさはべき指数 α によって決定される．α が小さいほど，極端に大きな現象が起こる頻度が大きく，α が大きいほど，その頻度は小さくなる．

べき分布の性質をまとめると次のようになる．

(1) 多くの小さな値と数の少ない桁違いに大きな値をとるものを含む．
(2) 正規分布より高い確率で桁違いに大きな値をとる (すそが厚い，ロングテールを持つという)．
(3) 累積分布関数を両対数でプロットすると直線になる．直線の傾きはべき指数 α である．
(4) $\alpha \leq 2$ では分散，$\alpha \leq 1$ では平均が存在しない (α 次以上のモーメントが存在しない)．
(5) $\alpha < 1$ では，最大値のシェア $S_{\max} = \dfrac{\max(x_1, x_2, \cdots, x_N)}{\sum_{k=1}^{N} x_i}$ がサンプル数 $N \to \infty$ でも 0 にならない (寡占状態，最大のものの性質が全体の性質に影響を与える)．

三つ目の性質は，データの分布がべき分布に従っているかどうかを確かめるためにデータ解析で使われる．具体的には，(1) データの累積分布を書く，(2) 両対数プロットし，直線であることを確かめる，(3) 近似直線を求め，指数 α を求めるという手順で行われる．

四つ目の性質は，たとえば，$\alpha = 1$ の場合，

---

[16] ここでは累積分布関数でべき指数を定義する．確率密度関数でみた指数と累積分布関数で見た指数 (両対数プロットでの傾き) は 1 だけ異なるため注意が必要である．累積分布関数の指数を α とすると，確率密度関数の指数は $\alpha + 1$ である ($\alpha > 0$)．また，分野や本や論文によっては，べき指数が確率密度関数で定義されることもあるため，文献ごとに確認したほうがよい．べき分布はパレート分布とも呼ばれる．

$$\begin{aligned}\mu &= \int_{-\infty}^{\infty} x f(x)dx \\ &= \int_{1}^{\infty} x A x^{-2} dx \\ &= A \int_{1}^{\infty} x^{-1} dx \\ &= A\log(\infty) = \infty \end{aligned} \quad (3.46)$$

となり発散する.そのため平均は母集団では無限大となる.べき分布に従う量に関するデータ解析では,サンプル数が有限のために発散することはないが,データの数が多くなるほど標本平均 $\mu = \frac{1}{N}\sum_{i=1}^{N} x_i$ は大きくなる.このためデータ数の違う同一のデータを平均や分散で比較することはできない.

広い意味でのべき分布 (3.45) 式が厳密に成り立つことは現実にはない.値の絶対値が大きい領域で,べき関数で近似できるような分布を**べきのすそを持つ分布**と呼ぶ.本書では,べきのすそを持つ分布のことを総じてべき分布と呼び,必要がある場合のみ区別する.

べき分布の例

- 安定分布の一部
    - コーシー分布
    - レヴィ分布
- 逆ガンマ分布
- ユール・サイモン分布
- t 分布
- ゼータ分布
- 比分布の一部

他にも多数ある.

たとえば,コーシー分布の確率密度関数 $f(x)$ は

$$f(x) = \frac{1}{2\pi} \cdot \frac{1}{1+x^2} \quad (3.47)$$

で与えられる.これは,左右対称に正負のべきのすそをもつ分布である.$|x| \gg$

1 では，

$$f(x) \sim |x|^{-2} \tag{3.48}$$

となり，対称に指数 1 (確率密度関数では累積分布の指数に 1 を足す) のすそを持つ．

実際のデータを解析する際には，観測された分布の概形に注意する．分布を特徴づける量はモーメントの他に，べき分布におけるべき指数やスケールのような量があることを理解して解析を行うべきである．

3.5.3 要約統計量

データから得られた一般の分布には，分布の特性以外にも計測ミスによる外れ値などの多くの要因が含まれいて，モーメントによる分布の推定を難しくする．また，ある特殊な条件下では，モーメント自体に意味がなくなることがあることも述べた．実際のデータ解析において，分布の形状が曖昧なときや外れ値が含まれていることが自明なとき，モーメントで分布を特徴づけてよいかを判断することは難しいだろう．標本のもつ性質を定量的に特徴づける量 (要約した量) を，一般に要約統計量と呼ぶ．外れ値が含まれたり，モーメントが発散する場合にも，位置や尺度 (幅)，歪み，対称性などある程度正確に記述できるさまざまな要約統計量がある．ここでは，それらの代表的なものに注目し，その特徴をあげる．

位置 (中心) に関する要約統計量

分布の中心を表す量をここで紹介する．分布の位置 (中心) は，分布の値がどの程度の大きさをもっているのか知ることができる最も重要な量の一つである．

□ **標本平均**　データの算術平均

$$E[x] = \frac{1}{N} \sum_{i=1}^{N} x_i \tag{3.49}$$

を標本平均という．標本平均は，最もよく使われる統計量の一つである．ただし，標本平均には，次のような場合，**分布の中心値として使用するのに問題が**あることを留意すべきである．

- 外れ値がある場合 (外れ値に引きずられる).
- 指数 1 以下のべき分布の場合 (平均が存在しないため).
- 指数が 1 に近いべき分布の場合 (平均は理論的には存在するが，実際の標本数だと推定誤差がきわめて大きいことが予想される).

最も馴染みがありわかりやすい統計量であるが，**指数が小さいべき分布の場合や桁の違う値が混在する場合**，その要約統計量として，平均は用いるべきではない.

□ **刈り込み平均** 平均値が外れ値に弱い問題を少し改善した量に刈り込み平均がある．この統計量は，観測された確率変数の大小両端の外れ値の影響を除くことを考えている．刈り込み平均は，$x_1, x_2, \cdots, x_N$ を大きさ順にソートしたデータ，$x_{(1)}, x_{(2)}, \cdots, x_{(N)}$ から次のように定義される．両端の大きい値と小さい値をそれぞれ k 個ずつカットし，残りの $x_{(k+1)} \leqq \cdots \leqq x_{(N-k)}$ の平均値

$$E[x]_{|k} = \frac{1}{N-2k}(x_{(k+1)} + x_{(k+2)} + \cdots + x_{(N-k)}) \tag{3.50}$$

とし，この $E[x]_{|k}$ を刈り込み平均という．刈り込み幅 k を変えてみて，外れ値の影響が取り除かれていると思われるものを採用する．

□ **中央値 (メディアン)** 標本を大きい順番に並べたときのちょうど真ん中の値を中央値として定義する (標本数が偶数の場合は，真ん中の二つの平均値). 分布の位置の要約統計量とすることができる．

$$Q_{1/2}(x) = \begin{cases} x_{(N+1)/2} & \text{(標本数 } N \text{ が奇数)} \\ \dfrac{x_{N/2} + x_{N/2+1}}{2} & \text{(標本数 } N \text{ が偶数)} \end{cases} \tag{3.51}$$

中央値は外れ値に強く，べき分布のような分布にも利用される．ただし，標本の値に関する情報を，中央の値以外すべて捨ててしまっており，情報を無駄にしているともいえる．また，中央値は標本数が少ない場合，データの離散性が強く現れる．中央値を求めるには集合をソートする必要があるため，$N \log N$ に比例する時間がかかる．

□ **最頻値 (モード)** ヒストグラムで一番多い度数，もしくは，確率密度関数の最大値を与える確率変数の値が最頻値となる．確率的に最も観測されやすい

値であり，単峰性の分布の場合は，直観とも整合する．ただし，この値を数値的に求めることは簡単ではなく，また，取り扱いが難しいという特徴がある．たとえば，ヒストグラムの区間幅を変化させると，最頻値は容易に変化してしまう．加えて，一様分布では原理的に最頻値を定めることができないし，同様に多峰性の分布でもうまく機能しないことがある．このため，最頻値が使われるケースはあまり多くない．

尺度 (分布の幅) に関する要約統計量

値の散らばりぐあい，分布の幅を表す統計量である．

□ 分散と標準偏差 分散と標準偏差は値の散らばり具合を表す最も代表的な要約統計量であり，次のように定義される．

$$\sigma_S^2 = V[x]$$
$$= E[(x_i - E[x])^2] \tag{3.52}$$

標本分散は測定単位の二乗の次元をもつ．平方根をとり元の次元 (単位) に戻したものが標本標準偏差であり，

$$\sigma_S = \sqrt{\sigma_S^2} = \sqrt{E[(x_i - E[x])^2]} \tag{3.53}$$

と定義される．ただし，この値は n が小さいと標本分散 (データの分散) が母分散 (真の分散，母集団の分散) より小さくなる可能性がある．そのため，少数データのときは次に定義する不偏標本分散を利用すべきである．ただし，この値も外れ値に弱い．さらに，$\alpha \leqq 2$ のべき分布では分散が存在しないため，尺度として使用できない場合がある．

□ 不偏標本分散 不偏標本分散は，標本数が有限のとき，標本分散が母分散より小さくなるという性質を補正したものである．

$$\sigma_U^2 = \frac{1}{N-1} \sum_{i=1}^{N} (x_i - E[x])^2 \tag{3.54}$$

─ 標本分散と不偏標本分散 ──────────────

標本平均を $\mu_{x_i} = E[x]$，標本分散を σ_S^2 とし，母平均を μ，母分散を σ^2 とする．標本平均の平均は母平均となる．

$$E(\mu_x) = \mu \tag{3.55}$$

一方で,標本分散の平均は

$$\begin{aligned} E(\sigma_S^2) &= E\left(\frac{1}{N}\sum_{i=1}^N x_i^2 - \mu_x^2\right) \\ &= \frac{1}{N}\sum_{i=1}^N E(x_i^2) - E(\mu_x^2) \end{aligned} \tag{3.56}$$

となる.第1項について,

$$\begin{aligned} \frac{1}{N}\sum_{i=1}^N E(x_i^2) &= \frac{1}{N}\sum_{i=1}^N E((x_i-\mu)^2 + 2\mu x_i - \mu^2) \\ &= \frac{1}{N}\sum_{i=1}^N [E((x_i-\mu)^2) + 2\mu E(x_i) - \mu^2)] \\ &= \sigma^2 + \mu^2 \end{aligned} \tag{3.57}$$

第2項について,同様に計算を行うと

$$\begin{aligned} E(\mu_x^2) &= E((\mu_x - \mu)^2 + 2\mu\mu_x - \mu^2) \\ &= V(\mu_x) + E(\mu_x)^2 \\ &= \frac{1}{N^2} V\left(\sum_{i=1}^N x_i\right) + \mu^2 \\ &= \frac{\sigma^2}{N} + \mu^2 \end{aligned} \tag{3.58}$$

まとめると,

$$\begin{aligned} E(\sigma_S^2) &= \frac{1}{N}\sum_{i=1}^N E(x_i^2) - E(\mu_x^2) \\ &= (\sigma^2 + \mu^2) - \left(\frac{\sigma^2}{N} + \mu^2\right) \\ &= \frac{N-1}{N}\sigma^2 \end{aligned} \tag{3.59}$$

標本分散は母分散より $(N-1)/N$ だけ小さくなっている.これを σ^2 に一致するように補正したのが不偏標本分散である.

□ **刈り込み分散** 標準偏差を中心部だけ採用することで外れ値に強くしたもの.

$$V[x]_{|k} = \frac{1}{N-2k} \sum_{i=k+1}^{N-k} \left[x_i - \left(\frac{1}{N-2k} \sum_{i=k+1}^{N-k} x_i \right) \right]^2 \tag{3.60}$$

刈り込み平均との組で使われる．

□ **絶対偏差 (平均偏差)**　絶対値で距離を定義した偏差の平均値．あまり使われないが，標準偏差よりは外れ値やべき分布の影響を受けにくい．

$$D = \frac{1}{N} \sum_{i=1}^{N} |x_i - E[X]| \tag{3.61}$$

□ **四分位範囲**　データの中央値周辺の半分が含まれる範囲．具体的には，データを昇順に並べたときに，全体の 3/4 の点 (第 3 四分位点：$Q_{3/4}(x)$) と全体の 1/4 の点 (第 1 四分位点：$Q_{1/4}(x)$) にいる点の差として求める．

$$\text{IQR} = Q_{3/4}(x) - Q_{1/4}(x) \tag{3.62}$$

大小両側の領域にある外れ値に頑強で，べき分布にも使用できる．平均・標準偏差との対として中央値・四分位範囲の組が用いられる．また，中央値，第 1 四分位点と第 3 四分位点の組で誤差棒の中心と上下誤差を扱うこともある (この取り扱いはヒンジと呼ばれることもある)．一般の非自明な分布に対しては，ほとんどの場合，四分位範囲や四分位点を用いた要約統計量が用いられる．

　最小値 $Q_0(x)$ と最大値 $Q_1(x)$ の差を範囲といって，これも散らばり具合の指標として知られているが，最大値と最小値の近辺に外れ値が存在するため，範囲を採用することは危険である．

□ **中央値偏差**　絶対偏差の平均をメディアン (中央値) におきかえたものである．

$$\text{MAD} = \frac{1}{N} \sum_{i=1}^{N} |x_i - Q_{1/2}(x)| \tag{3.63}$$

ただし，中央値に対しては四分位範囲が使われるため，これはあまり使われない．

□ **半値幅**　連続で，単峰性の確率密度関数 $f(x)$ をもつ標本に適用できる．$f(x)$ の最大値を $f_{\max}$ とすると確率密度関数が $1/2 f_{\max}$ の値をもつ二つの点 x_1, x_2 の差の絶対値．最頻値・半値幅の組で使われる．外れ値に強く，単峰性のべき分布でも使用できる．

□ **変動係数**　ばらつきを比較するときに用いられる.

$$\text{CV} = \frac{V[x]}{E[x]} \tag{3.64}$$

分母の標本平均は，正の値のみを使った標本平均となる場合もある.

たとえば，企業 A の平均株価が 100 円，標準偏差が 10 円で企業 B の平均株価が 100000 円，標準偏差が 8000 円のとき，標準偏差だけで比べると企業 B のほうが価格の変動が大きいように見えるが変動係数では，それぞれ 0.1, 0.08 となる．同様に，平均が大きい集団の方が標準偏差が大きくなる傾向があると考えられるときの比較に使われることがある．

非対称性の指標

分布の特徴を示すためには平均や分散が通常用いられるが，分布形状の非対称性を示す指標の一つに 3 次モーメントが用いられることがある．

□ **歪度**　分布がどれくらい非対称かを表す指標の一つに**歪度**がある．標本平均 $E[x]$, 標準偏差 σ_x と同様に外れ値に弱い．定義は次のようになる．

$$S_k = \frac{\sum_{i=1}^{N}(x_i - E[x])^3}{N\sigma_x^3} \tag{3.65}$$

3 次のモーメントから位置 (平均) とスケール (分散) の影響を除くように標準化された指標を用いる．

□ **ピアソンの歪度係数**　通常のモーメントで定義される歪度は，3 次モーメントのもつ外れ値への弱さやべき分布へ適合できない問題を含んでいる．このため，計算はできてもその値に信憑性を与えることができない．次の二つのピアソン歪度係数は，最頻値と中央値を用いて歪度係数が定義されているため，通常のものより外れ値の影響は少ないと考えられる．

ピアソンの第一歪度係数

$$3 \times \frac{平均 - 最頻値}{標準偏差} \tag{3.66}$$

ピアソンの第二歪度係数

$$3 \times \frac{平均 - 中央値}{標準偏差} \tag{3.67}$$

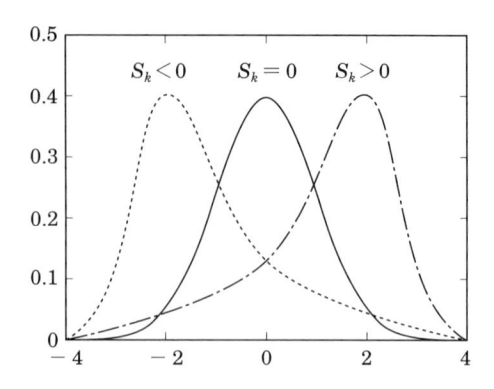

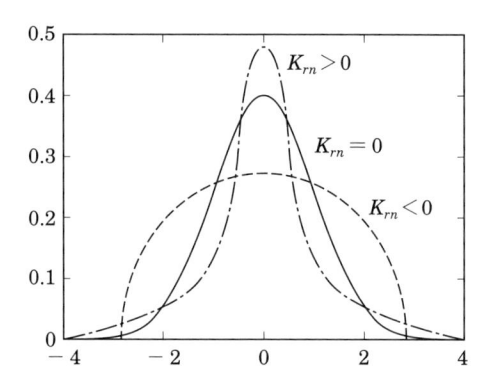

図 3.9　歪度と分布の概形の対応．歪度が大きくなると，分布のピークは右に偏る．一方で，歪度が小さくなると，分布のピークは左に偏る．

図 3.10　尖度と分布の概形の対応．尖度が大きくなると，分布のピークが鋭くなる．一方で，尖度が小さくなると，分布は丸みを帯びる．

すその厚さの指標

分布のすその厚さを示す指標の一つに 4 次モーメントが用いられる．

□ **尖度**　分布の鋭さを表す指標の一つに**尖度**がある．外れ値の影響が大きく現れる．正規分布と比較して尖度が大きいと鋭いピークと長いすそを持った分布となり，尖度が小さければより丸みのある短いすそを持った分布と判断できる．定義は次のようになる．

$$K_r = \frac{\sum_{i=1}^{N}(x_i - E[x])^4}{n\sigma_x^4} \tag{3.68}$$

ただし，正規分布の尖度を 0 とする定義もあり，両方使用される．

$$K_{rn} = \frac{\sum_{i=1}^{N}(x_i - E[x])^4}{n\sigma_x^4} - 3 \tag{3.69}$$

位置，幅，非対称，すその厚さに関するいくつかの要約統計量を紹介したが，定義される意味から考えて次の組で扱うことが望ましい．

- 平均 — 標本分散・不偏標本分散 — 歪度 — 尖度
- 中央値 — 四分位範囲 (ヒンジ)
- 最頻値 — 半値幅

5 次以上のモーメントについては，定まった要約統計量の組は知られていない．

3.5.4 統計量の推定

ビッグデータを処理する際には，観測されたデータ点から要約統計量を通して，その確率密度関数のパラメータを求めたり，データが従う方程式のパラメータを求めることが多い．この母集団が持つ未知のパラメータを何らかの解析によって得ることを，「標本から推定する」という．また，これによって標本から得た量を推定量という．

たとえば，無作為に選ばれた日本企業の従業員数 (1000 社分) の確率密度関数を描いたときに，べき分布のような概形が得られたとする．このとき，日本全企業の従業員数が従う分布のべき指数 α は未知であるが，とりあえずは 1000 社分の標本データから何らかの方法でべき指数 $\hat{\alpha}$ を推定することができる．日本全企業の従業員数が従う分布のべき指数 α と思われる値 $\hat{\alpha}$ は，このとき推定量と呼ばれる．このような推定量を求める方法は，一般には複数存在する．具体的には，確率密度関数の概形が正規分布と判断されたならば，平均と標準偏差で分布を特徴づけることができる．しかし，通常の算術平均では外れ値などの影響が大きくて，精度よく推定できないかもしれない．この場合，刈り込み平均や中央値を使うことも考えられる．一般的にはある尺度を与えて推定量を求め，その評価をすることが多い．代表的な推定方法には，最尤推定や最小二乗推定がある．

3.5.5 最尤推定

標本データを生成するような真の確率密度関数 f^* と，我々が概形を見て判断した確率密度関数 f はどれだけ近いのだろうか．分布の近さの定量的な評価指標があれば，それを尺度にこの問題が解決できる．一つの考え方として，ある確率分布 f^* と f の距離を計る量として，Kullback-Leibler 距離 (カルバック・ライブラー距離) が知られている．

$$D(f^*,f) \equiv \int dx f^*(x) \log \frac{f^*(x)}{f(x)}$$
$$= \int dx f^*(x) \log f^*(x) - \int dx f^*(x) \log f(x) \quad (3.70)$$

もし $f^*(x)$ と $f(x)$ がすべての x で同じ値であれば，同一の確率密度関数であり，上で定義した距離は，$D(f^*,f)=0$ となる．観測するデータ点に依存するのは，第 2 項 $\int dx f^*(x) \log f(x)$ だけであるため，距離 $D(f^*,f)$ を最小にするためには，この項を最大にすればよいことがわかる．この項は**平均対数尤度**と呼ばれる．

また，もしデータのサンプル数が十分多ければ，平均対数尤度の最大化は，対数尤度

$$L = \sum \log f(x_i) \quad (3.71)$$

の最大化と同等である．x_i は i 番目の観測データとする．先の例を用いるならば，f^* は日本全企業の従業員数が従う分布となり，f は標本データから得られた概形を見て観測者が想定した分布となる．確率分布 $f(x)$ は，べき指数のようなパラメータを持つ分布である場合，そのパラメータベクトル θ を与えた条件下での確率分布は $f(x|\theta)$ と定義される．同様に θ の条件下での対数尤度は，

$$L(\theta) = \sum \log f(x_i|\theta) \quad (3.72)$$

と定義できる．このことから，対数尤度を最大にするパラメータベクトルを $\hat{\theta}$ とすると，尤度を最大化するパラメータベクトル $\hat{\theta}$ は，以下の方程式を解けば得られる．

$$\frac{\partial L(\theta)}{\partial \theta} = \sum \frac{\partial \log f(x_i|\theta)}{\partial \theta} = 0 \quad (3.73)$$

これは**尤度方程式**と呼ばれ，尤度関数を最大化する $\hat{\theta}$ を推定量とする方法を**最尤推定法**と呼ぶ．この方法で求められた推定量は最尤推定量と呼ばれ，最大となった尤度関数の値は最大対数尤度となり，f^* に対する f の当てはまりの良さを表すこととなる．

[例] **正規分布の最尤推定量**　データ解析からある確率変数が互いに独立で，正規分布に従うことが期待される場合，正規分布のもつパラメータである平均と分散をデータからどのように推定すればよいだろうか．自明な結果となるが例を紹介する．N 個の変数 $x_1,\cdots,x_N$ を観測した場合，i 番目の変数 x_i の値は，

$$f(x_i|\mu,\sigma) = \frac{1}{\sqrt{2\pi\sigma^2}} e^{-\frac{1}{2}\left(\frac{x_i-\mu}{\sigma}\right)^2} \tag{3.74}$$

の確率でサンプリングされると期待できる．対数尤度 L は，定義をもとに式 (3.74) から，次のように計算される．

$$\begin{aligned} L &= \sum_{i=1}^{N} \log f(x_i|\theta) \\ &= -\frac{N}{2}\log(2\pi\sigma^2) - \frac{1}{2\sigma^2}\sum_{i=1}^{N}(x_i-\mu)^2 \end{aligned} \tag{3.75}$$

二つのパラメータ μ, σ に対して，式 (3.75) で定義される尤度を最大にするものは，尤度方程式を解くことで，次のように求めればよいことが分かる．

$$\begin{aligned} \hat{\mu} &= \frac{1}{N}\sum_{i=1}^{N} x_i, \\ \hat{\sigma}^2 &= \frac{1}{N}\sum_{i=1}^{N}(x_i-\hat{\mu})^2 \end{aligned} \tag{3.76}$$

となる．この値が最尤推定量 $\hat{\theta} = (\hat{\mu},\hat{\sigma}^2)$ となり，最大対数尤度は，

$$L(\hat{\mu},\hat{\sigma}^2) = -\frac{N}{2}\log(2\pi\hat{\sigma}^2) - \frac{N}{2} \tag{3.77}$$

となる．

この例においては，パラメータがもともと平均や分散という自明な量であったため，ごく当然の結果が得られるように見える．次のべき指数の見積もりはべき指数の求値法のなかでも，最も基本的なものである．

[例] **べき指数の最尤推定量**　$A=1$ のときのべき分布

$$P(\geqq x) = x^{-\alpha} \tag{3.78}$$

の α の最尤推定量 $\hat{\alpha}$ を考える．まず確率密度関数は，累積分布を微分してマイナスをかけることで得られる．

$$f(x) = \alpha x^{-\alpha-1} \tag{3.79}$$

これを尤度方程式に代入すると，

$$\sum_{i=1}^{N} \frac{d}{d\alpha} \log(\alpha(x_i)^{-\alpha-1}) = 0$$
$$\longleftrightarrow \quad \hat{\alpha} = \frac{N}{\sum_{i=1}^{N} \log(x_i)} \tag{3.80}$$

となり，最尤推定量を求めることができる．この式に，n 個の (べき分布に従うと思われる) 観測値を代入することでべき指数を求めることができる．

実装する場合は，べきに従うと思われる範囲の観測値だけを代入することでべき指数を推定する (具体的な実装は演習問題にする)．

3.5.6　最小二乗推定

データの組 (x_i, y_i) が，あるパラメータを持つ関数 $y = f(x|\theta)$ のもとに散布していると期待されるとき，

$$y_i = f(x_i|\theta) + e_i \tag{3.81}$$

となる．このとき，残差二乗誤差

$$S^2(\theta) = \sum_{i=1}^{N} (y_i - f(x_i|\theta))^2 \tag{3.82}$$

を最小にするような θ を最良推定値とする最小二乗法がある．

例として，データの組 (x_i, y_i) がほぼ直線に乗っているとき，

$$S^2(a,b) = \sum_{i=1}^{N} (y_i - b - ax_i)^2 \tag{3.83}$$

が最小になるように a, b の値を求める方法である．この条件のとき，データからの a の最小二乗推定量を a'，b の最小二乗推定量を b' とすると，

$$a' = \frac{\sum_{i=1}^{N}(x_i - E[x])(y_i - E[y])}{\sum_{i=1}^{N}(x_i - E[x])^2} \quad (3.84)$$

$$b' = E[y] - a'E[x]$$

となることが計算できる．

なお，最小二乗推定は gnuplot 上で行うこともできる．例として，データ scatter.txt に，1 列目に x 軸の変数，2 列目に y 軸の変数を記述したものを用意する．ここで，gnuplot に次のようにかければ最小二乗推定量を得られる．

```
set output "figure.eps"
set xlabel "X"
set ylabel "Y"
f(x)=a*x+b;
fit f(x) "scatter.txt" via a,b;
plot "scatter.txt" u 1:2 with line,f(x)
```

$f(x) = ax + b$ と仮定し，`fit` コマンドで gnuplot が係数 `a`, `b` を出力する．gnuplot では，直線での回帰に限らず，推定したいパラメータを含んだ一般の曲線 $f(x)$ を定義すれば同様のコマンドで行える．gnuplot の最小二乗法では計算が収束しない，あるいは正しくない値に収束する場合が多々あるので，あらかじめ初期値を想定される数値に近い値にしておくとよい．

演 習 問 題

演習問題で必要となるデータ，解答や追加の情報などは，本書の Web サイト (http://www.smp.dis.titech.ac.jp/book_bigdata.html) を参照．解析結果の考察に必要な文献などは，本書の最後で紹介する．

問題 3.5.1 平均・分散の収束と発散

べき分布 ($\alpha = 1,2,3$) に従う乱数を N 個発生させたときの平均を $\mu(N)$，分散を $\sigma(N)$ とする．べき指数をさまざまに変えて，横軸 N，縦軸 $\mu(N)$ (また

は $\sigma(N)$) のグラフの概形をみることで，モーメントの収束と発散を確認せよ．

問題 3.5.2 コーシー分布の平均が存在しないことの確認
(1) コーシー分布に従う乱数を 10000 個発生させよ．
(2) その分布の平均と中央値を計算し，記録せよ．
(3) 上記のことを 10000 回繰り返し，10000 回分の平均値と中央値の分布をそれぞれ作れ．

問題 3.5.3 べき分布の平均と標準偏差の存在
(1) べき分布の乱数を 10000 個発生させよ ($A = 1, \alpha = 3$ (累積分布でのべき指数の定義) など)．
(2) その分布の平均と標準偏差，中央値，四分位範囲を計算し，記録せよ．
(3) 上記のことを 10000 回繰り返し，10000 回分の平均値，標準偏差，中央値，四分位範囲の分布を確認せよ．
(4) べき指数を変化させた ($\alpha = 1.0, \alpha = 1.8, \alpha = 2.2, \alpha = 5.0$ など) 分布と比較せよ．

問題 3.5.4 正規分布の平均と中央値の確認
(1) 正規分布に従う乱数を 10000 個発生させよ．
(2) その分布の平均と中央値を計算し，記録せよ．
(3) 上記のことを 10000 回繰り返し，10000 回分の平均値と中央値の分布を作れ．

発展問題 3.5.5 結果についての考察
(1) コーシー分布に平均が存在しないことの理由は何か．モーメントが発散する分布にはどのようなものがあるか．
(2) 問題 3.5.2, 3.5.3, 3.5.4 の三つの分布について，10000 回分の平均値はどのような分布に従っているか．
(3) コーシー分布の標本中央値の分散は n が十分大きいとき $\sigma_{x_{1/2}} \sim \dfrac{4\gamma^2}{\pi^2(n+2)}$ に従うことを確認せよ．

問題 3.5.6 べき指数の推定

べき分布のべき指数を読み取る (最尤推定と最小二乗推定).

(1) べき分布に従う乱数を 1000 個発生させよ ($\alpha=3$).
(2) 指数 α を最尤推定と最小二乗法 (x 軸と y 軸を対数にとり直線にしてから計算) で計算し，それぞれ記録しておく．
(3) 上記のことを 1000 回繰り返し，1000 回分の最尤法で求めた指数の分布と，最小二乗法で求めたべき指数の分布を確認せよ．
(4) 指数が異なる場合 ($\alpha=0.5, \alpha=1.0, \alpha=2.0$) も試し，その分布と比較せよ．
(5) 最尤推定と最小二乗法での結果はどのように異なるか．また，その違いはどこから来るものか．

3.6 仮説検定

ビッグデータの解析が必要とされているのは，データからそれまでに気づかなかったことや経験則の情報を抜き出すことである．しかし，これまでに学んできたような統計分析をデータに当てはめて何らかの数値を得ることに価値があるのではなく，それを活かして何を行うか，どれだけの価値が得られそうかを考えることが重要である．そのためには，最初の段階としてデータから何を知りたいのか明確にする仮説を立てる．

本節では，さまざまな分野で利用されている仮説検定を紹介する．一般の検定に関する理論や手法は他の書籍に任せることとして，解析に必要な最低限の理論と実装に向けての手順を中心に進めていく．

3.6.1 なぜ仮説検定が必要なのか

我々が，これまでに統計分析によって得てきた値は，母集団の分布特性に関する何らかの主張である仮説をもとにして，標本から推測した代表値である．しかし，分析したデータは，母集団をすべて抽出したわけではない．したがって，1 回の観測から得られた結果の値は偶然起こったことなのか，起こるべくして起こったことなのか判断することはできない．我々は，結果が意味のある

表 3.1

結果＼原因	質的	量的
質的	独立性の検定 (χ^2 検定，フィッシャー検定)	分類間の比較 (平均差・分散比検定，分散分析)
量的	ロジスティック回帰 判別分析	散布図 相関係数

もの (意味のないことも当然ある) であるためには，偶然ではないこと，を示す必要がある．

3.6.2　仮説検定で必要なこと

　データは大きく分けて質的データと量的データに分けることができる．質的データとは，「男性・女性」，「東京・大阪」，「小学生・中学生・高校生・大学生」というような，対象の持つ性質で分類されているデータのことである．また，アンケートの選択肢のような「1 良い・2 まあまあ・3 悪い」のような定性的な性質の中でも，優劣がつくような分類もある．前者を名義尺度，後者を順序尺度といい，この二つが質的データとされる．

　一方で，量的データはある基準に従って計量された数値が記録されているデータのことである．温度，株価や交通量などがこのようなデータの例である．このような数値のデータも詳細にみてみると，さらに違いがある．たとえば，摂氏温度やカレンダーの日付は，2 値を比較するときその差に注目することが多い．100°C から 200°C への変化は 100°C の上昇であるが，2 倍に温度が上がったとは言わない．また，質量や長さは，逆に 2 倍や半分といった比率を考えることもできる．このような違いから前者を間隔尺度，後者を比率尺度と呼ぶ．

　分析の対象を数値で測る尺度・分類によって，仮説検証のための分析手法は異なり，どのような量が記載されているデータなのかが検定では重要となる．データが質的データか量的データかによってデータ間の関係を見る方法は大まかに表 3.1 のように分類できる．分析の自由度は名義・順序・間隔・比率の順で高くなっていく．

3.6.3 仮説検定の手順

仮説検定をするには,「母集団に○○という傾向がある」という仮説 H_1 を立てる必要がある.この検証したい仮説を対立仮説 H_1 といい,検証したいことと反対の仮説「母集団に○○という傾向はない」を,帰無仮説 H_0 という.データから得られた標本分布は,帰無仮説が正しいという前提のもとで検定を行う.1回の標本抽出から得られた結果が,帰無仮説のもとで偶然にも反対の結果が観測されたのか,起こるべくして起こったのかを検定することで帰無仮説を否定するか受容するかを判断する.

仮説検定に用いる用語を手順とともに簡単に説明しよう.まず,データがもつ傾向や性質を検証するために,検定で用いられる統計量を検定統計量 Z という.この検定統計量が期待される範囲からどれだけ逸脱しているかで,結果の偶然性を評価する.偶然で起きたか否かを受容する基準を確率で与え,この確率を有意水準 α という.多くの場合,α には 0.05 や 0.01 が用いられる.一方で,実際の検定統計量が観測される確率 p_O に対して,$P_{\mathrm{val}} = \sum_{p_i < p_O} p_i$ を有意確率(P 値)と呼ぶ.つまり,実際に観測された検定統計量より珍しい数値が観測される確率である.

この有意水準 α と P 値 P_{val} を比較して,

$$\begin{cases} \alpha < P_{\mathrm{val}} & \longrightarrow \quad \text{帰無仮説の受容} \\ \alpha > P_{\mathrm{val}} & \longrightarrow \quad \text{帰無仮説の棄却} \end{cases} \quad (3.85)$$

となる.$\alpha > P_{\mathrm{val}}$ となる領域を棄却域といい,この領域に検定統計量 Z が観測された場合,帰無仮説は棄却され,対立仮説が採択される.逆を採択域という.また,$\alpha = P_{\mathrm{val}}$ となる検定統計量の値を臨界値 Z_α という.実際には,検定する帰無仮説の内容によって,有意確率や棄却域のとり方は変わってくる.たとえば,有意水準 $\alpha = 5\%$ で**統計量 Z が Z_O と一致することを検定**したいときは,採択域は統計量 Z が従う分布の中心 Z_O 周辺 95% となり,棄却域は統計量が従う分布の最大値から 2.5% と最小値から 2.5% の領域となる[17].このような検定は分布の両端に棄却域を持つことから両側検定と呼ばれる.

一方で,**統計量 Z が Z_O より大きいかどうかを検定**したいときは,棄却域

---

[17] 非対称性が強い分布ではこの棄却域の設定では検定がうまく機能しないこともある.

は統計量 Z が Z_O よりも小さくなる領域 5%, すなわち統計量が従う分布の最小値から 5% の領域となる．このように，一致性の検定は両側検定が用いられ，大小差異の検定には片側検定が用いられる．

具体的な手順

仮説検定を行う手順を示す．
(1) 帰無仮説と対立仮説を設定する．
(2) 標本分布を確定し，検定統計量を定める．
(3) 有意水準 α, 棄却域と採択域を設定する．
(4) データ (標本) から検定統計量を計算する．
(5) 検定統計量が棄却域・採択域内にあることを確認する．
(6) 帰無仮説・対立仮説の棄却採択を決める．

仮説検定に用いられる分布は，正規分布やそこから派生される分布が多い．平均・分散の値や比率を見ることが多いため，正規分布，χ^2 分布，t 分布や F 分布などが用いられる．

たとえば，設定した有意水準 α から検定統計量の臨界値 Z_α を知るには，R を用いれば，臨界値 Z_α の値を簡単に求めることができる．$\alpha = 0.05$ とした際に，自由度 $n = 1000$ が与えられたとして，次のようにすると t 分布の臨界値 t_α の値が得られる[18]．

```
$ alpha<-0.05
$ n<-1000
$ qt(1-alpha,n-2)
[1] 1.646382
```

同様にして，臨界値 (逆関数として利用できる) を求めるには χ^2 分布の関数 qchisq や F 分布の関数 qf が用意されている．

ここでは，応用的な解析に用いられるいくつかの検定方法について，その基本的な使い方を紹介する．検定は用途によってさまざまな種類があるが，ここではビッグデータ解析や経済物理学で注目されている検定方法について注目し，解説する．

---

[18] この場合は，t 分布において上側の片側検定を行うときの臨界値である．

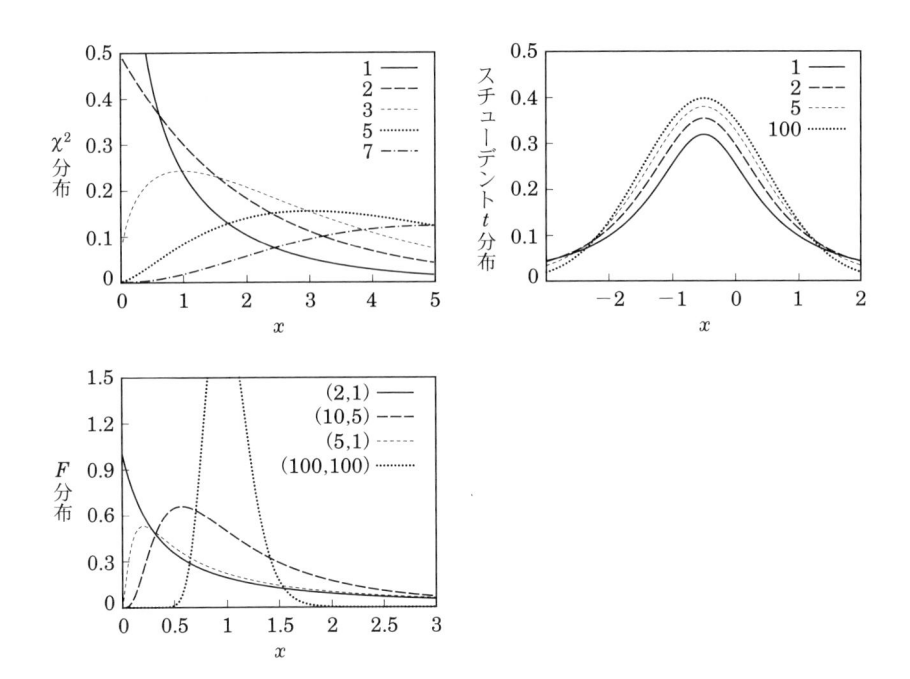

図 3.11　χ^2 分布 (左), t 分布 (中央), F 分布 (右) の概形図. 各線種は分布の自由度の異なりを表している. 一般に, χ^2 分布, スチューデントの t 分布は一つの自由度パラメータで概形が決まる. F 分布は二つの自由度の組で概形が決まる. 一般に自由度が高くなるごとに, 大きな値を取りやすい分布になっていく.

3.6.4　独立性の検定

データ解析の現場では, 時系列のような実数値をとる確率変数ではなく, 分割表で分類されたデータの比較をすることも要求される. 為替価格や株価のような実数値ではなく,「ある」/「なし」などの互いに排他的な 2 値化データに対しても, 関係性を知ることができる方法がある. このような分割表に分類されたデータでは, χ^2 検定がよく用いられる. ただし, 標本数の大小にかかわらず適用できる点で, フィッシャーの正確確率検定が優れている. なお, フィッシャーの正確確率検定は標本数が大きいときは, 近似的に χ^2 検定に等しくなることが知られている.

フィッシャーの正確確率検定

　フィッシャーの正確確率検定は，薬効の差を知るために医療の分野で多く用いられてきた．たとえば，より身近な例では，おにぎりとお茶を同時に買う人が多いと感じたとする．縦に「おにぎりを買った人/買わなかった人」，横に「お茶を買った人/買わなかった人」の項目を与えたとき，次のような分割表から関係性を見出すことができる．

　具体的には，帰無仮説 H_0「おにぎりとお茶はそれぞれ無関係に (独立に) 買われている」と対立仮説 H_1「おにぎりとお茶は同時に買われている」が立てられる．

おにぎり＼お茶	買った	買わなかった	計
買った	20	8	28
買わなかった	12	45	57
計	32	53	85

分割表を一般化すると次のようになる．

	ある	なし	計
ある	a	b	$a+b$
なし	c	d	$c+d$
計	$a+c$	$b+d$	$N=a+b+c+d$

標本数 N と右端と下端の小計が固定されたもとで，このような分割表が構成される確率 p は

$$p = \frac{(a+b)!(c+d)!(a+c)!(b+d)!}{n!a!b!c!d!} \tag{3.86}$$

となる．実際のデータから観測された分割表にある値を代入して，実際の分割表が構成される確率 p_O を計算する．両側検定の場合，この p_O よりも珍しい確率で起こる $p(<p_O)$ を，a,b,c,d を総当たりで変化させ，足し合わせることで，P 値が求められる[19]．上のおにぎりとお茶の関係では P 値は 1.11×10^{-5}

---

[19] 2×2 分割の場合は小計を固定すると，分割表の一つの項目を変化させれば，残りの三つは決まる．このように 1 変数で項目すべてを決定できるとき，自由度は 1 であると表現する．

となり，有意水準 0.01 のもとで，おにぎりとお茶の同時購買の関係性が有意と判断される．このようにして，P 値と有意水準 α に基づいて，分割表のような $n \times n$ の分類間の組み合わせが偶然性の高いものなのか強い相関があるものなのかを判断できる．

フィッシャーの正確確率検定は単純であるが，それゆえに分割表に落とし込むことで多くのものに応用できる．たとえば，時系列のような実数値をとるデータでも閾値を決め，時系列のデータ点を分割表内の象限に落とし込むことで，ダイナミクスの異なる区間に分類する研究が行われている [15]．

具体的には，為替価格 $R(t)$ ($t=0,\cdots,T$) の対数差分時系列 $r(t) = \log R(t+1) - \log R(t)$ において，2×2 の分割表の各値 a,b,c,d を次の条件を満たすデータ点数と定義する．

- $a : r(t) > x_{th}$ かつ $0 \leq t < \tau$
- $b : r(t) \leq x_{th}$ かつ $0 \leq t < \tau$
- $c : r(t) > x_{th}$ かつ $\tau \leq t < T$
- $d : r(t) \leq x_{th}$ かつ $\tau \leq t < T$

ここで，x_{th}, τ は分割表に区切る際の閾値である．x_{th}, τ によって構成された分割表で両側 P 値を最小とする $\hat{x}_{th}, \hat{\tau}$ を採用する．変化点となる時刻は $t = \hat{\tau}$ と見積もられる．

変化点 $t = \hat{\tau}$ で時系列を $t = 0, \cdots, \tau-1$ と $t = \tau, \cdots, T$ の二つに分け，それぞれの時系列に対して，同様の手法を適用し，区分した時系列内でさらなる変化点を見つけていく．図 3.12 の豪ドル円の例では，ランダムにシャッフルした対数差分時系列において，P 値が 10^{-4} より常に大きくなることが観測された．ここでの変化点は P 値が 10^{-4} より小さくなる点が観測されなくなるまで時系列の区分が繰り返されている．

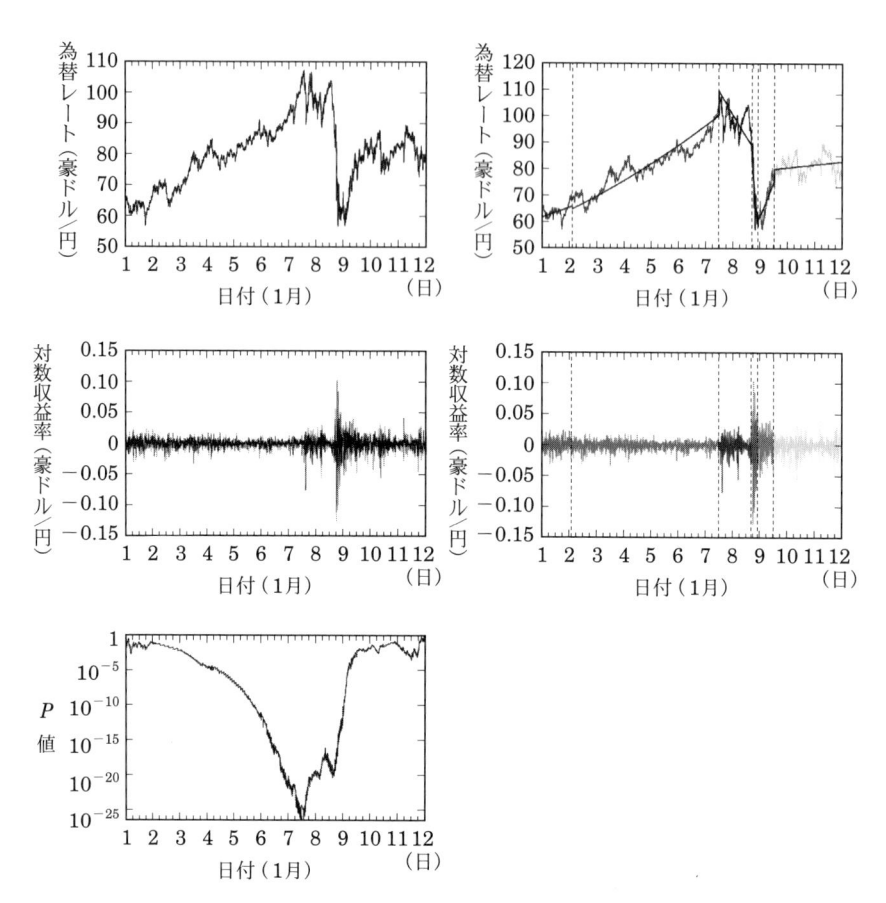

図 **3.12** 為替時系列の変化点の抽出. 豪ドル円の為替レート (左上). 豪ドル円の対数差分時系列 (左中). x_{th}, τ を変化させたことで, P 値を最小とする $\hat{\tau}$ を見つけることができる (左下). 区分した時系列に分けて, 再度同手法を適用して変化点を抽出した結果 (右上). 対数差分時系列を変化点ごとに区分した結果 (右下) (出典: Aki-Hiro Sato, Hideki Takayasu, "Segmentation procedure based on Fisher's exact test and its application to foreign exchange rates", arXiv:1309.0602).

χ^2 検定

フィッシャーの正確確率検定において，標本数が十分に大きい場合に近似される検定手法である．項目 $A, \bar{A}$ (A と排反な事象), $B, \bar{B}$ (B と排反な事象) からなる分割表の各項目の期待値は，項目間がすべて独立であることを仮定すると次のようになる．

	B	$\bar{B}$	計
A	$NP(A)P(B)$	$NP(A)P(\bar{B})$	$Y=NP(A)$
$\bar{A}$	$NP(\bar{A})P(B)$	$NP(\bar{A})P(\bar{B})$	$Z=NP(\bar{A})$
計	$W=NP(B)$	$X=NP(\bar{B})$	N

つまり，総計 N と小計 W, X, Y, Z がデータから分かれば，i 行 j 列項目の期待度数 E_{ij} が計算できる．$P(A)=Y/N$, $P(B)=W/N$ となるので，実際のデータで i 行 j 列項目の観測度数 O_{ij} と比較する．

この場合の検定統計量 z は

$$z = \sum_i \sum_j \frac{(O_{ij}-E_{ij})^2}{E_{ij}} \tag{3.87}$$

となる．分割表の各項目間がすべて独立であることを仮定しているので，期待度数からの乖離が大きくなれば独立でないと言える．

一般に，m 行 n 列の分割表に対しても同様に考えることができて，その場合の検定統計量も上と同様に定義される．そのとき，帰無仮説では，分布は自由度 $(m-1)\times(n-1)$ の χ^2 分布に従い，有意水準を設定して検定を行う．

3.6.5 連による検定

連とは 2 値化された記号 (+ と −, 上と下，晴れと雨など) が一列に並べられている際に，連続している同一の記号の集合として定義される．もし記号列の発生がランダムでない場合，ランダムな場合と比べて連の数が異常な値を取る．

$$\text{データ}: + + - + - + - + - + - - - + - - + + + - \tag{3.88}$$
$$\text{連}: + +, -, +, -, +, -, +, -, +, - - -, +, - -, + + +, - \tag{3.89}$$

上の例では 20 個のデータの中に 14 個の連が存在していることになる．この連の数を用いて，記号化されたデータの時系列のランダム性を検定する方法を

連検定という.

今,データ数 N の中の $+$ の数 n_1 と $-$ の数 n_2 が既知とする.この条件下で連の数 r となる確率 $f(r)$ は,次のようになる.

$$f(r) = \begin{cases} \dfrac{2 \cdot {}_{n_1-1}C_{r-1} \cdot {}_{n_2-1}C_r}{{}_N C_{n_1}} & (r \text{ が偶数}) \\ \dfrac{{}_{n_1-1}C_r \cdot {}_{n_2-1}C_{r-1} + {}_{n_1-1}C_{r-1} \cdot {}_{n_2-1}C_t}{{}_N C_{n_1}} & (r \text{ が奇数}) \end{cases} \quad (3.90)$$

また,データ数 N が多い ($N \geq 20$) 場合,期待値と分散について簡単な表式が得られる.

$$E[r] \approx \frac{N + 2n_1 n_2}{N}, \quad (3.91)$$

$$V[r] \approx \frac{2n_1 n_2 (2n_1 n_2 - N)}{N^2 (N-1)} \quad (3.92)$$

連検定では,検定統計量をデータから観測された連の数 r_O,連の期待値 $E[r]$ と分散 $V[r]$ で定義する.

$$Z = \frac{r_O - E(r)}{\sqrt{V(r)}} \quad (3.93)$$

帰無仮説 H_0 を「与えられた 2 値データはランダムである」,対立仮説 H_1 を「与えられた 2 値データはランダムでない」として,検定統計量が近似的に標準正規分布 $N(0,1)$ に従うことを利用して,有意水準 α を決めて検定を行う.

[連検定のアルゴリズム]

```
//差分時系列を確保した配列dif[]を用意する.
//なお,dif[]には0を含まないよう下処理を行っておく.
 r=0;
 for(t=2;t<=number;t++){//numberは時系列数.
   if(dif[t]*dif[t-1]<0){
     r+=1.0;//差分時系列の符号が変化->連の数をカウント
   }
   if(dif[t]>0.0){
     n1+=1.0;//正の符号の数
```

```
    }else if(dif[t]<0.0){
       n2+=1.0;//負の符号の数
    }
    N+=1.0;//符号の総和
}
E=((2.0*n1*n2)/N)+1.0;//平均
V=sqrt((E-1)*(E-2)/(N-1));//分散
Z=(r-E)/(V);//Z値
printf("Z= %lf\n",Z);
```

為替価格差のランダム性

多くの時系列データは連続値をとる．実データへ応用するには，為替価格が過去と比較して上昇した場合には $+$，下落した場合には $-$ とすれば，2値化記号列として扱える．正規分布から外れるような大きく変動をする時系列に対しても適用できる利点がある．なお，為替に限らず一般の時系列の場合は，時間区切り τ もその性質に関係する．

図 3.13 は取引間隔 τ ティック[20]が経過したあとの価格の上下で 2 値化し，同様に連検定を行ったものである．連の数が多い τ の小さいところでは，為替は有意に符号が反転しやすい性質があることが読み取れる [16]．

3.6.6 適合度の検定

データ解析を進めていくと，理論とは必ずしも一致しない微妙な分布が観測されることが多々ある．べき分布や指数分布，あるいはカットオフを持つ分布など，どの分布が経験分布を表すのにふさわしいかを判断する検定に適合度検定がある．二つの分布がどれほど異なるものであるかどうか (似通っているか) を調べるために用いられる．

多項分布に対する検定

$i=1,2,\cdots,k$ の k 個の事象 A_i が確率 p_i で起こるとする．n 回の試行の結果，事象 $A_1, A_2, \cdots, A_k$ がそれぞれ $n_1, n_2, \cdots, n_k$ 回現れる確率は

---

[20] 約定した取引の数え方．

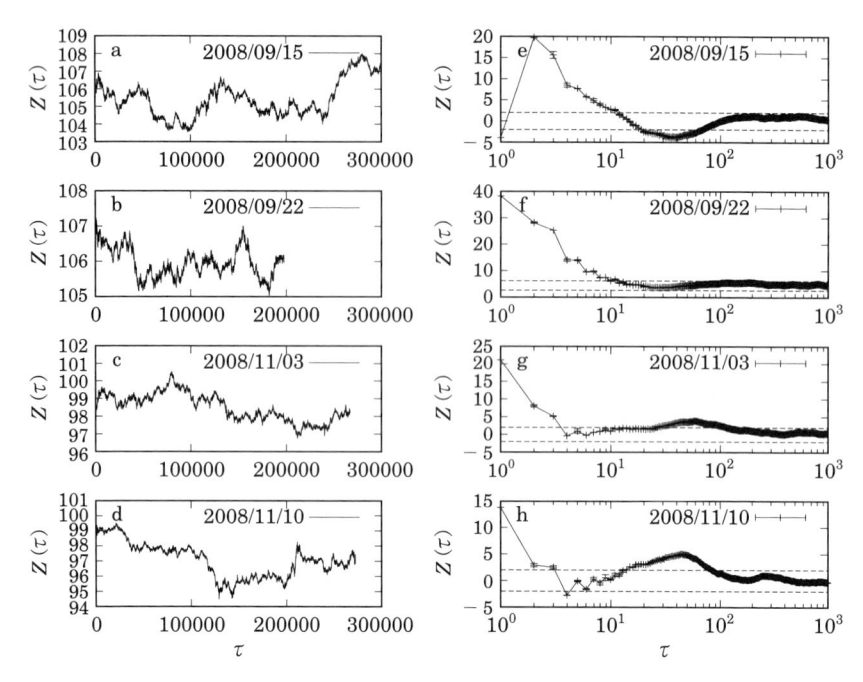

図 **3.13** 横軸を取引間隔 τ, 縦軸をその時間軸での検定統計量 Z である．点線は Z の期待値 0 から 2σ の範囲をとったもの．100 ティックより短い時間では，2σ から外れるところが散見し，為替レートの上下には相関があることが示唆される (出典：Y. Yura, T. Ohnishi, K. Yamada, H. Takayasu, and M. Takayasu, "Replication of Non-Trivial Directional Motion In Multi-Scales Observed By The Runs Test", *Int. J. Mod. Phys. Conf. Ser.*, **16**, 136-148 (2012)).

$$P(n_1, n_2, \cdots, n_k) = \frac{n!}{n_1! n_2! \cdots n_k!} p_1^{n_1} p_2^{n_2} \cdots p_k^{n_k} \tag{3.94}$$

となる．

上で計算した理論度数 n_k と観測された度数 o_k に対して，検定統計量を

$$z = \sum_i \frac{(o_i - n_i)^2}{n_i} \tag{3.95}$$

として，自由度 $k-1$ の χ^2 検定を行う．

確率分布に対する検定 1

帰無仮説 H_0：「ある分布 F に従う」という適合度検定を考える．理論度数を求めて，上と同じ検定統計量を定めて検定を行うという点でほぼ同じである．しかし，分布 F がパラメータ (平均や分散のような，値を変えてしまうと適合度が大きくずれてしまうような母数) を i 個含んでいるような分布のとき，この値を観測値から求めたもので代用する．

このときは，自由度 $k-1-i$ の χ^2 検定を行う．

確率分布に対する検定 2

分布の比較や適合度に関する検定には，理論度数から検定統計量を定めて χ^2 検定を行う方法が他にもある．その中でも代表的なものが，コルモゴロフ–スミルノフ検定 (以後，KS 検定) である．KS 検定と χ^2 検定の違いは，経験分布に個々のデータをすべて利用して検定できることにある．χ^2 検定は，いくつかに区分した頻度を比較し，期待度数がある程度の大きさとなるという制約があるので，区分を統合するなどの加工が必要である．この点において KS 検定は χ^2 検定よりも優れている．

1 標本 KS 検定は，データから得られた経験分布を帰無仮説において示された累積分布関数と比較する手法である．類似の目的の検定はいくつか存在して，正規分布に関する検定では，リリフォース検定やより強力なシャピロ–ウィルク検定やアンダーソン–ダーリング検定がある．

標本から得られた経験分布を

$$F_N(x) = \frac{\#(X_i > x)}{N} \tag{3.96}$$

で定義する．また，帰無仮説 H_0 は「標本は母集団の分布 $F(x)$ に従う」となる．このときの検定統計量 z は，経験分布と帰無仮説で提示される分布との差異の最大となる．

$$z = \max_{-\infty \leqq x \leqq \infty} |F_N(x) - F(x)| \tag{3.97}$$

ここで，最大値 z はデータ数 N の平方根との積 $x = z\sqrt{N}$ を考えたとき，$N > 20$ 以上の近似式として，

$$P(\geqq x) = 2 \sum_{j=1}^{\infty} (-1)^{j-1} e^{-2j^2 x^2} \tag{3.98}$$

に従うことが知られている．これは，仮定される分布の形によらず，導き出される．有意水準 α に対して，臨界値・棄却域を数値的に求めることで仮説を評価する．有意水準が 0.05 なら $z\sqrt{N}$ が 1.36 以上，0.01 なら $z\sqrt{N}$ が 1.62 以上なら帰無仮説は棄却される．

一方，2 標本 KS 検定は，二つの標本を比較する手法で，標本 X と標本 Y の母集団の累積分布関数が異なるものであるかどうかを調べるノンパラメトリックな方法である．手法については，ほぼ同じで

$$F_N(x) = \frac{\#(X_i > x)}{N},$$
$$G_M(x) = \frac{\#(Y_i > x)}{M} \tag{3.99}$$

とする．また帰無仮説 H_0：「標本 X と標本 Y は同一の累積分布関数を持つ母集団から発生している」となる．このときの検定統計量 z は，標本 X の経験分布と標本 Y の経験分布の差異の最大となる．

$$z = \max_{-\infty \leqq x \leqq \infty} |F_N(x) - G_M(x)| \tag{3.100}$$

データ数 N, M で表される因子との積 $z\sqrt{\dfrac{NM}{N+M}}$ は 20 以上の近似式として，1 標本 KS 検定と同じ確率分布に従う．

$$P(\geqq x) = 2\sum_{j=1}^{\infty}(-1)^{j-1}e^{-2j^2x^2} \tag{3.101}$$

先と同様にして仮説を評価する．

KS 検定で使われる検定統計量では，すそ付近の差異をうまく評価できない．経済や社会データで多く観測されるべき分布は，実務では，累積分布関数の対数をとった値で行うことも多い．金融分野などすそにおけるリスクが重要な分野ではアンダーソン–ダーリング検定 (AD 検定) が使われることが多い．KS 検定が中央値付近での差異が強く検定統計量に現れるのに対して，AD 検定では分布のすそでの一致性が強く反映されるようになっている．

最尤法とモデル選択の応用：べき分布の取扱い

べき分布はある値より大きいところでべき乗のすそを持つ分布であることを紹介した (3.5 節)．データから観測される分布も全領域でべき性を持ってい

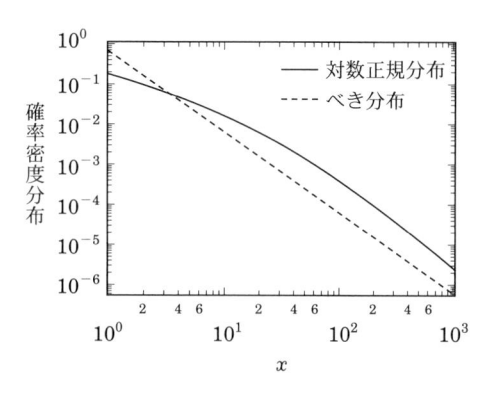

図 3.14　平均 1, 標準偏差 2 の対数正規分布 (実線) と，指数 2 のべき分布 (破線).

るとは限らず，そのようなデータでべき指数を推定しても必ずしも良い結果を与えないことがわかる．

　べき指数については，3.5 節で最尤推定や最小二乗推定で求められることを紹介したが，現実のデータでは値が全領域でべき分布に従うということは稀であり，べき指数の推定量を求める際には上記のような問題が生じる．そのような場合は実務上では，値の小さな領域ではデータは指数分布や対数正規分布に従い，値が大きい領域はべき分布に従うと判断して解析することがある．しかし，標準偏差の大きな対数正規分布と，べき分布は区別がつきにくいことに注意しなければならない．図 3.14 に平均 1, 標準偏差 2 の対数正規分布と，指数が 2 のべき分布を示す．べき分布は両対数プロットで直線に乗るが，対数正規分布も値の大きな領域ではほぼ直線に見える．困ったことに現実のデータでは確率分布を図示すると，図 3.14 の対数正規分布のように見える場合が多い．値の大きな部分のみに着目しべき分布でフィッティングを行う場合も，どこまでがべき分布に従うのかその境界を決める必要がある．

　そこで，べき分布の下限値 $x_{\min}$ を適当に決め，それより大きい値のデータに対してべき指数の推定量を求めるわけであるが，最尤法も最小二乗法もデータ数の多い領域 (つまり値の小さな領域) に左右されるため，べき指数の推定量はべき分布の下限値 $x_{\min}$ に依存しやすい．すなわち，べき分布の指数と同時に，その下限値も推定する必要性がある．そこでべき分布の下限値を，KS 検定を用いて推定するクロゼットらの方法 [17] を紹介する．

--- クロゼットらによるべき分布の取り扱い ---

べき指数の下限値およびべき指数を見積もる.

(1) データ $(x_1, x_2, ..., x_N)$ を昇順 $(x_{(1)}, x_{(2)}, ..., x_{(N)})$ に並べる.
(2) 初期の下限値を $x_{(0)}$ とする.
(3) $x_{(0)}$ 以上の値のデータを使って累積分布関数 $F_e(x)$ を作る.
(4) $x_{(0)}$ 以上の値で最尤法からべき指数 α_0 を求める.また,べき指数 $\alpha_{(0)}$ を持つべき分布 $F(x)$ を作る.
(5) $x_{(0)}$ 以上の値と $x_{(0)}$ 以上のデータ数で,KS 検定に置ける統計量 $\sqrt{N}z$ を計算する.
(6) すべての $x_{(i)} (i=1,2,\cdots,N)$ に対して,3~5 を繰り返し,べき指数 α_i と KS 統計量 $\sqrt{N}z_i$ を計算する.
(7) KS 統計量 $\sqrt{N}z_i$ が最も小さいときの $x_{(i)}$ を下限値 $x_{\min}$ として,またべき指数の推定量として α_i を採用する.

KS 検定量 z は,ここでは累積分布関数 $F_e(x)$ と,最尤法で求めたべき指数を持つ累積のべき分布 $F(x)$ との,差の最大値 z で定義される.

$$z_i = \max_{x \geq x_i} |F_e(x) - F(x)| \qquad (3.102)$$

KS 検定統計量 $\sqrt{N}z_i$ が最小となるような値 x_i を $x_{\min}$ とすればよい[21]. またこのとき $x \geq x_{\min}$ における範囲で最尤法で求めたべき指数が,最尤推定量として採用される.

この方法の検証のためにクロゼットらは,

$$f(x) = \begin{cases} C(x/x_{\min})^{-\alpha} & (x \leq x_{\min}) \\ Ce^{-\alpha(x/x_{\min}-1)} & (x > x_{\min}) \end{cases} \qquad (3.103)$$

と値が $x_{\min}$ 以下で指数分布,それより大きな領域でべき分布に従うデータを人工的に生成した.また,べき指数 $\alpha=2.5$ とする.この分布を図 3.15 (上) に示す.人工的に $x_{\min}$ を決めた分布を作り,それに対して上記の方法を用いて,設定した $x_{\min}$ の推定を行う.この結果を図 3.15 (下) に示す.KS 統計量の最小値を用いてべき指数を推定すると,真の値に近い下限値 $x_{\min}$ を推定できる

---

[21] N は全数なので,z_i だけ比較すればよい.

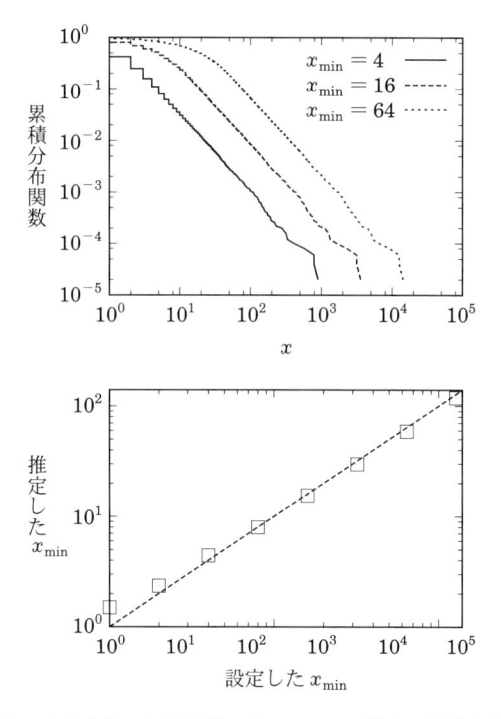

図 3.15 論文 [17] をもとにした再現．式 (3.103) に従う，指数分布とべき分布の混合分布 (左)．設定した $x_{\min}$ の値と推定した $x_{\min}$ の関係 (右)．

ということがわかる．

演 習 問 題

演習問題で必要となるデータ，解答や追加の情報などは，本書の Web サイト (http://www.smp.dis.titech.ac.jp/book_bigdata.html) を参照．

問題 3.6.1 フィッシャーの正確確率検定

おにぎりとお茶の購入者を比較する例について，分割表から P 値を求める．同時に χ^2 検定でも P 値を求めよ．

問題 3.6.2 変化点の検出

次の時系列 $x(t)$ に対して，フィッシャーの正確確率検定を用いて，変化点を

抽出せよ．

$$x(t) = \begin{cases} \sigma \varepsilon(t) & (0 \leq t < 50) \\ \sigma \varepsilon(t) + 0.1 & (51 \leq t \leq 150) \end{cases} \tag{3.104}$$

ここで，変動幅 $\sigma = 0.01, 0.05, 0.1$ と 3 通りで行う．$\varepsilon(t)$ は標準正規分布 $N(0,1)$ に従うものとする．変化点は，設定したように $t=50$ と推定されるはずであるが，変動幅の大小で推定の精度は変化する (文献 [15] を参照)．

問題 3.6.3 連検定

5 節で作ったランダムウォークや差分時系列 (GARCH) を使って，時系列データを 2 値化して，連検定を行う．時間間隔を変えてみることで，短時間，長時間での連の性質を知り，二つの時系列生成の方法が為替の価格差再現モデルとしてふさわしいか議論せよ．

問題 3.6.4 1 標本に対する KS 検定

逆関数法で次の分布 $F(x)$ に従う乱数を 1000 個発生させる．

- 平均 2 の指数分布
- 累積分布でのべき指数 $\alpha = 1, 2, 3$ のべき分布
- 平均 1, 分散 1 の正規分布

乱数から生成された分布 $F_e(x)$ を設定した分布 $F(x)$ と適合するか有意水準 0.05 で検定せよ．

発展問題 3.6.5 KS 検定を用いたべき指数の推定

逆関数法で式 (3.103) の分布に従う乱数を発生させ，設定したべき分布の下限値 $x_{\min}$ を KS 統計量から見積もれ．

第4章

相関分析と回帰

3章では，1標本・1変数におけるデータの母集団を推定し，モデル構築の中心となるパラメータを探すことを行った．本章では，二つ以上のデータやモデルの比較について議論する．2体の比較には，**データとデータ**，**データとモデル**，**モデルとモデル**の組み合わせがあるが，データあるいはモデル同士にどのような関係があり，どれが本質的なものなのかを定量的に評価するのが目的である．2体間の関係の近さ (= 相関) を定量化して評価する手法と多体への拡張方法の紹介をし，その概念や結果を解釈する際に注意すべき点を述べる．

4.1 相関分析

相関とは，2体が密接に関わり合っていることである．一方で，因果とは，原因と結果の関係である．データを解析することで，因果関係が存在しないこと，つまりAがBに影響を及ばさないことは示せるが，因果関係があること，つまり，AがBに影響を及ぼすことを証明することはできないと言われている．私たちは，相関関係があれば因果関係があると判断しがちであるが，相関はあっても，因果関係がない場合も多いので注意が必要である．

たとえば，売上の大きな企業は一般に経費も大きい．つまり，売上と経費には強い相関関係があると考えられる．それでは，売上を増やすには経費を増やせばよいという判断は正しいだろうか？ 難関大学への合格率と勉強時間など，相関関係と因果関係の勘違いは日常生活の意思決定にも現れる．上記の例は，売上と経費の間の単なる相関関係に (個別企業の具体例に立ち入らず) 因果関係を持ち出してしまう，相関に対する誤った解釈の例となる．

因果関係の他にも，**交絡変数**と呼ばれる原因と結果に影響を与える第3の隠

れた変数に注意することも重要である．

たとえば，同業種のA社とB社は，競合他社でありながら売上を伸ばしている．このとき，2社の売上は相関関係にあることになるが，A社の営業活動がB社の売上に貢献しているとは考え難く，因果関係があるとは考えられない．この場合，第3の要因としてA社とB社の属す業界の市場規模が大きくなっていると考えれば，市場規模の増大でA社の売上とB社の売上が伸びて，結果としてA社とB社の売上がともに増える相関が見えていると考えられる．

このような例は，先ほどの極端な例と違って日常で散見されるのではないだろうか．企業間の関係は，企業の営業努力の他に景気，市場規模，為替など多くの要因が存在し，交絡変数が多く存在することになる．

相関関係と因果関係の違い，さらには相関関係で比較される2体(とその背後にある交絡変数の有無)については十分に注意した上で相関というものを評価しなければならない．

4.1.1 相関を調べる

変量とは分析対象の性質を数値で表したものであり，相関関係は二つの変量の関係を表す．変量は一般に何かを説明するための手段(説明変数)となったり，モデルの再現対象(目的変数)となることから，変数や確率変数とも呼ばれる．前章までは，確率変数 X のみに注目する1変数のシステムを中心にして統計処理の方法を議論した．本節では確率変数 X,Y の二つが，互いに関係しているかどうか，およびその関係の強さの程度を定量的に調べる方法を述べる．4節以降では，確率変数が三つ以上の場合[1]で，正確に相関関係を，抜き出す方法を議論する．

まず，最も簡単な場合として，ある二つの確率変数 X,Y に注目する．確率変数 X が値 x，Y が値 y をとる確率 $P(x,y)$ を同時確率という．一般的に，2体の間に何らかの関係がある．つまり，x という値が出たとき，y という値がどれだけ出やすいかという条件付きの確率 $P(y|x)$ を考慮しなければならない．これによって，同時確率 $P(x,y)$ は次のように書き表される．

$$P(x,y) = P(x|y)P(y) = P(y|x)P(x) \tag{4.1}$$

---

[1] 多変量における統計解析手法の総称を多変量解析という．本章で紹介するのは多変量解析の中の一部である．

同時確率は確率 $P(y)$ と条件付き確率 $P(x|y)$, $P(x)$ と $P(y|x)$ で対称に表される．もし，二つの確率変数 X と Y の間にまったくの関係性がないとき，どのような x の値をとろうとも y は独立に決まるから，条件付き確率は次のようになる．

$$P(y|x) = P(y) \tag{4.2}$$

したがって，同時確率 $P(x,y)$ は

$$P(x,y) = P(x)P(y) \tag{4.3}$$

で表されることになる．逆に同時確率が二つの確率の積で表されるとき，2変数間に関係がないと言える．このときの二つの確率変数間の関係を，独立あるいは無相関であるといい，何らかの関係が示唆されるときは，「相関がある」という．ここでの確率変数 X,Y は，2社の株価の終値や二つの商品の販売数などの組が挙げられる．もちろん，この二つの例には，交絡変数が考えられるため注意が必要である．

具体的に，二つの確率変数 X,Y にどのような関係があるかを調べるとき，散布図を通して次のように相関を知ることになる．

- 散布図を作る (x 軸に x_i, y 軸に y_i をプロットする)．
- 散布図から相関があるか，どのような相関 (線形か非線形か) かを読み取る．
- 相関係数を計算し，相関を定量的にとらえる．

相関をみるとき，一番大事なことは，最初のステップにおいて目で確認することである．散布図を作るのに，最も簡単な方法は 1 列目, 2 列目にそれぞれ x_i, y_i を書いたデータファイル data.dat を用意して，gnuplot で表示すればよい．

[gnuplot での散布図]

```
$ gnuplot
> plot "data.dat" using 1:2 with points
```

データ点が多くなると，点が重なり見にくくなる．散布図を見やすく加工す

る一つの方法として，ヒストグラム法のように横軸を任意の数で分割し，その区分幅内で平均値 (あるいは中央値) を計算する方法がある[2]．ヒストグラム法と同様に，C 言語で行うこともできるが，awk で行うほうが早い．

[区分幅内での平均値]

```
$ dx=0.2
$ xmin=‘sort -k1g data.dat | awk ’NR==1{print $1}’‘
$ awk ’{print int(($1- ’${xmin}’)/’${dx}’),$2}’ data.dat |
    sort -k1g -k2g > tmp.dat
$ awk ’{a[$1]=NR;b[NR]=$2;c[$1]+=1;d[$1]+=$2}
    END{for(i in a){for( j=a[i]-c[i]+1; j<=a[i]; j++)
    {Vol[i]+=(b[j]-d[i]/c[i])**2}};for(i in a)
    {print ’${xmin}’+(2*i+1)*’${dx}’/2,d[i]/c[i],
    (Vol[i]/c[i])**0.5}} tmp.dat’ | sort -k1g > scat.dat
```

ここで，配列 a は第 i 区間に分類されたデータの最後の行番号を返す．配列 b はすべてのデータを昇順に並べたときの i 番目のデータを返す．配列 c は第 i 区間のデータ数で，配列 d は，第 i 区間に属する変数 Y の値の和である．このようにして，第 i 区間の代表値，平均，標準偏差の 3 列のデータが出力される．また，次のようにすれば，データを図 4.1 のように誤差棒付きで表示できる．

[gnuplot での散布図]

```
$ gnuplot
> plot "scat.dat" using 1:2:3 with errorbars
```

データによっては，代表値，中央値，第 3 四分位点と第 1 四分位点でプロットするほうがよいこともある．C 言語であれば qsort を用いることで実装でき

---

[2] 横軸を対数表示する必要がある場合も考えられる．これも，ヒストグラム法と同様にしてできる．「区分幅内での平均値」の 3 行目を「awk’{printint((log($1)-log(’${xmin}’))/’${dx}’),$2}’data.dat|sort-k1g-k2g)tmp.dat」とする．

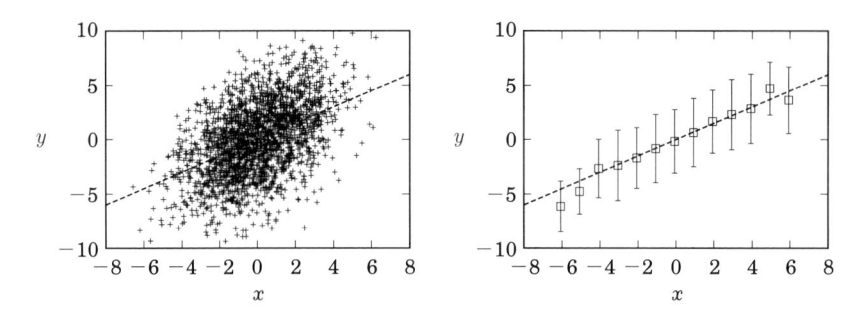

図 4.1 線形の関係を持つ散布図の例．データを直接描画した散布図 (左)．x 軸を区間に分けて，区間内の平均と標準偏差の誤差棒を付けて，見やすくした散布図 (右)．同じデータでも，加工することで関係抽出がしやすくなる．

るが，この場合も，awk の方が簡単にできる．具体的には，上記のサンプルプログラム「区分幅内での平均値」の 4 行目を次のようにすればよい．

```
$ awk '{a[$1]=NR;b[NR]=$2;c[$1]+=1}
   END{for(i in a){print '${min}'*exp((2*i+1)*'${dx}'/2),
   b[a[i]-int(c[i]/2)],b[a[i]-int(c[i]/4)],
   b[a[i]-int(3*c[i]/4)]}}' tmp.dat > scat.dat
```

第 i 区間内のデータについて代表値，中央値，第 3 四分位点と第 1 四分位点と求めている．上下に非対称な誤差棒を付けるときは次のようにすればよい．

[gnuplot での散布図]

```
$ gnuplot
> plot "scat.dat" using 1:2:3:4 with errorbars
```

相関がないことと独立であること 二つの確率変数が独立であれば，二つの確率変数は無相関である．しかし，**二つの確率変数が無相関であっても，二つの確率変数が独立とはかぎらない**．たとえば，2 変数が散布図上に円環状に広がるようなときは，無相関であるが独立ではない．

4.1 相関分析 129

4.1.2 相関係数

上では相関関係を確認する第 1 段階として散布図での確認を行った．一方で，端的に相関関係を表す指標に相関係数がある．相関係数は多くの場合，A が決まれば B が完全に決まる一対一の関係 (最も相関が強い関係) を 1 または -1 とし (1 の場合は，A が B に対して増加関数になっている場合，-1 は A が B に対して減少関数になっている場合)，二つの量に関係がない場合は，0 と定義する．そして，その中間の値で相関関係を評価する．相関係数は，二つの確率変数に対して，その相関関係を定量的に再現・推定することを目的としていないが，無関係に近いか関数従属に近いかを評価することができる．

ここでは，最もよく使用される**ピアソンの積率相関係数**について説明し，次にピアソンの相関係数では定量化できないような，より広い関係で使用できる**順位相関係数**について述べる．

□**ピアソンの積率相関係数** 二つの量の相関の強さを表す際に，最もよく使用されるものに，ピアソンの積率相関係数がある．普通，相関係数といえばピアソンの相関係数のことを指す．(ピアソンの積率) **相関係数** r はデータが $x_1, x_2, \cdots, x_n, y_1, y_2, \cdots, y_n$ の場合，次の式で与えられる．

$$r = \frac{\sum_{i=1}^{n}(x_i - E[x])(y_i - E[y])}{\sqrt{\sum_{i=1}^{n}(y_i - E[y])^2}\sqrt{\sum_{i=1}^{n}(x_i - E[x])^2}} \tag{4.4}$$

この相関係数は，変数間に直線の関係を仮定し，定義から分かるように $-1 \leqq r \leqq 1$ の値をとる．$r \geqq 0$ のとき**正の相関**があるといい，2 変数間は散布図上で右上がりの直線のような関係をもつ．一方で，$r \leqq 0$ のとき**負の相関**があるといい，2 変数間は散布図上で右下がりの直線のような関係をもつ．$r = 0$ のときは，X と Y は**無相関**であると判定される．ただし，直線関係でない相関はこの相関係数では測ることができないという特徴がある．

(4.4) 式は相関係数を計算するほかに，さまざまな分野で応用されて解析に利用されている．たとえば，定常時系列のある時刻の値を y_n とし，それから k 単位時間前の値を y_{n-k} とする．このとき，過去の自分自身との相関 $R(k)$ は

$$R(k) \equiv \frac{E[(y_n - E[y])(y_{n-k} - E[y])]}{E[(y_n - E[y])^2]} \tag{4.5}$$

となる．この式によって，時間遅れ k の関数として自己相関関数 $R(k)$ が定義される．これは，時系列の分野において最も基本的な統計量である．

しかし，X,Y に分散が存在しない場合や，関係が線形でない場合は，ピアソン相関係数では正確に相関を測ることができない．そのような場合には，次のようにして解決する．

- 確率変数の変換 (おもに対数変換) 後に，積率相関係数を用いる．
- 順位相関係数を用いる．

一つめの方法は確率変数を対数関数等で変換し，分散の存在する分布かつ線形の関係になるようにしてから，(ピアソンの積率) 相関係数を使う方法である．

二つ目の方法は，順位相関係数を用いる方法である．**順位相関係数は，確率変数の値でなく，順位の相関のみに着目した二つの確率変数の関係の強さの指標**である．順位相関係数と呼ばれる係数も積率相関係数と同様に -1 から 1 の値をとり，係数が正のときは正の相関，負のときは負の相関とし，0 のときは無相関という．相関係数が 1 のときは，二つの確率変数の順位が完全に一致し (単調増加関数の関係)，-1 のときは二つの順位が完全に逆になっている．順位相関係数はノンパラメトリックな相関係数と呼ばれ，**確率変数が従う分布や確率変数間の線形性の仮定なく使用できる．**また，確率変数の大小関係さえ与えられれば数値でなくても使用できるメリットがある．

特に，積率相関係数と順位相関係数を比較することで，変数間の相関関係が，線形かそうでないのかを判別することができる．もし，積率相関係数と順位相関係数の値が近ければ，線形関係に近いと考えられるが，両者の値が異なる場合には，非線形の関係に従っていると推測される．

□ **スピアマンの順位相関係数**　スピアマンの相関係数は，ピアソンの積率相関係数の値 $x_1, x_2, \cdots, x_n$ をその順位に置き換えたもので，**非線形の場合にも利用できる．**定義は，値を順位に変えたピアソンの相関係数と同じであり，x_i の順位を R_i，y_i の順位を S_i とすると，

$$\rho \equiv \frac{\sum_{i=1}^{n}(R_i - E[R])(S_i - E[S])}{\sqrt{\sum_{i=1}^{n}(R_i - E[R])^2}\sqrt{\sum_{i=1}^{n}(S_i - E[S])^2}} \tag{4.6}$$

で表される．同順位 (タイ) が存在しない場合には，この式は次のように簡約される．

$$\rho \equiv 1 - \frac{6\sum_{i=1}^{n}(R_i - S_i)^2}{n(n^2-1)} \tag{4.7}$$

□ **ケンドールの順位相関係数** ケンドールの順位相関係数は，より直接的に順位の相関を定量化したものである．データのすべての組で順位の大小関係が二つの確率変数で一致しているか，一致していないかを調べたものである．

定義は，以下の通り．

$$\tau \equiv \frac{4P}{n(n-1)} - 1 \tag{4.8}$$

具体的には，たとえば 5 人 (A, B, C, D, E) の生徒の英語と国語の点数であれば，$_5C_2 = 10$ 通りの組 (A-B, A-C, A-D, A-E, B-C, B-D, B-E, C-D, C-E, D-E) がある．すべての組について，「2 人の順位の大小関係が一致する組 (たとえば，A 君が英語 2 位，国語 3 位，B 君が英語 10 位，国語 12 位の場合．英語: A 君 >B 君，国語: A 君 >B 君)」の数 P を規格化したものである．

相関係数の検定

二つのデータの間の関係を，求めた相関係数だけで判断するのは危険である．求めた相関係数 r が「弱い相関」を示唆する領域にあるとき，本当に弱い相関があると言っていいのだろうか．データを実際に扱っていると，相関係数が厳密に $r=0$ となることは，ほとんどない．また，解析するデータの標本数が少なければ偶然に相関係数が高い値を示すこともある．このため，標本数を考慮して母集団の相関の有意性を判定する必要がある．相関係数の有意性判定の方法には，正規分布検定と t 検定があるが，標本数の大小にかかわらず適用できる点で，t 検定が優れている．

標本数 n のデータを用いて，ピアソンの積率相関係数あるいはスピアマンの順位相関係数で相関係数 r を計算したとき，次で定義される統計量 t は t 分布に従う．また，ケンドールの順位相関係数 r_k で定義される統計量 z_k は正規分布に従う．

$$t = \frac{|r|\sqrt{n-2}}{\sqrt{1-r^2}}, \tag{4.9}$$

$$z_k = \frac{r_k}{\sqrt{\dfrac{4n+10}{9n(n-1)}}} \tag{4.10}$$

帰無仮説 H_0 は,「母集団は無相関である」となる.有意水準 α としたときの臨界値から相関係数 r_α を求め,$r > r_\alpha$ であれば帰無仮説を棄却できる.つまり,母集団に相関があることを示唆するのである.非常に簡単で,相関解析としてよく用いられる手法である.

演 習 問 題

演習問題で必要となるデータ,解答や追加の情報などは,本書の Web サイト (http://www.smp.dis.titech.ac.jp/book_bigdata.html) を参照.

問題 4.1.1 散布図を作る

標準正規分布 $N(0,1)$ に従う乱数 X,Y を,2000 組用意する.x 軸に $2x_i$,y 軸に $1.5x_i + 3y_i$ をプロットし,変数間の関係が分かりやすいように加工せよ (図 4.1 を再現する).また,Web サイト上にある株価のデータや 2 地点の同日の気温データなど (x_i, y_i) $(i=1,\cdots,N)$ を用意し,散布図を描け.

問題 4.1.2 条件付き確率による相関

3 回連続で起こった場合,4 回目も連続して起こりやすいなどの複数の連続する現象と,ある一時点での現象の相関をみることがある.時系列データに対して次の関係を見よ.

(1) 前の時刻と比べて価格が上がったら $+$,下がったら $-$ とする.
(2) 1 回上がったとき次も上がる条件付き確率 $P(+|+)$ を求める.
(3) 2 回上がったとき次も上がる条件付き確率 $P(+|++)$ を求める.
(4) 同様に,N 回上がったときの条件付き確率を求め,横軸に N,縦軸に確率 $P(+|+\cdots++)$ をプロットする.

相関がなければ,連続した回数 N に依存せず,上昇する確率が $1/2$ に近くなるはずである.また,上がれば上がるほど,上昇しやすくなる傾向があれば,グラフは右上がりの線を描く.たとえば為替時系列では,ある程度上昇を繰り

返すと次も上昇しやすい傾向 (トレンドフォローの効果) が知られている．

問題 4.1.3 データの生成と解析

標準正規分布 $N(0,1)$ に従う乱数 X,Y を，2000 組用意する．x 軸に x_i，y 軸に ax_i+y_i をとり，次の操作を行うことで 2 変数の関係を調べる ($a=-1, -0.5, 0, 0.5, 1$ で行う)．

(1) 2 変数 X,Y の散布図を作成せよ．
(2) 2 変数 X,Y の相関係数 (ピアソン，スピアマン，ケンドール) を求める．

データ数や異なる分布 ($N(0,10)$ やコーシー分布など) から乱数を発生させることで，相関係数やその有意性がどう変わるか議論せよ．

4.2 単回帰分析

散布図から二つの確率変数の関係に何らかの関数形が読み取れた場合，どのように関数形を推定すればよいだろうか？ 確率変数の組から確率変数間の関係性を抽出することを回帰分析といい，特に確率変数 X,Y のような二つの組から関係性を抽出することを単回帰分析という．

散布図を作った際に見られた関係が線形であれば[3]，単回帰分析を通してパラメータ推定が可能である．なお，ここでの単回帰分析は，次を仮定していることに注意する．

(1) 説明変数と目的変数の関係が線形
(2) 誤差は互いに独立
(3) 誤差は平均 0 で分散を持つ正規分布

しかし，指数関係やべき関係も対数変換することで線形関係に帰着できるため，必要に応じて変数変換を施し，線形関係を確認すれば実務上は問題なく応用できる．また，線形・指数・べき関係以外の関係を与えることで，より良い回帰モデルを得ることもある．

単回帰分析の例として，実際の POS データから得られる簡単な結果を紹介する．あるコンビニエンスストアの販売データとして，アイスの売上とその日の気温が表 4.1 のようにまとめられている．

---

[3] 線形とはいわゆる直線の関係にあることで，非線形回帰分析もある．

表 4.1 時系列データの例. あるコンビニエンスストア 139 店舗の商品の売上 (1 月 1 日から 9 月 28 日までの 267 日分のデータ).

日付	アイス A の売上 [円]	アイス B の売上 [円]	気温 [°C]
6 月 11 日	536000	49000	24.7
6 月 12 日	777000	56000	28.4
6 月 13 日	720000	62000	27.4
6 月 14 日	488000	58000	24.8
⋮	⋮	⋮	⋮

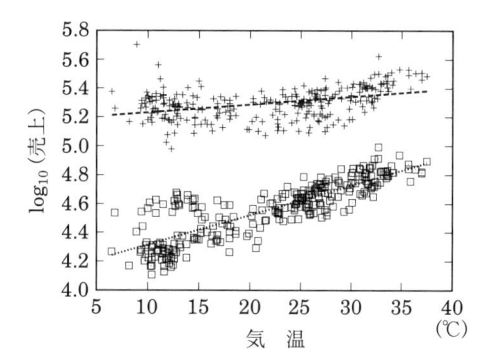

図 4.2 横軸: 気温, 縦軸: アイスの売上の対数値.「+」はアイス A の売上と気温の関係を表す. 式 (4.11) の係数は $\beta_0 \cong 5, \beta_1 \cong 5 \times 10^{-3}$ と推定される.「□」はアイス B の売上と気温の関係を表す. 式 (4.11) の係数は $\beta_0 \cong 4, \beta_1 \cong 2 \times 10^{-2}$ と推定される. 破線は回帰式を示す.

この散布図 (図 4.2) を見た際に, 気温と売上には指数の相関関係が見える. つまり, 商品の売上の対数をとることで, 線形の関係に帰着させることができる. これは販売日の気温が, 指数関係でアイスの売上に寄与することを意味する. 具体的に気温に対して各アイスの売上を知るには, 次のように指数関数の関係を線形に落とし込み, 線形の回帰モデルを立てればよい.

$$\log_{10}(\text{アイスの売上}) = \beta_0 + \beta_1 \cdot (\text{気温}) + \varepsilon \qquad (4.11)$$

ここで, ε は誤差項である. 単回帰分析では, 誤差項 ε が最小になる条件下で回帰係数 β_0, β_1 を決定することができる. この例のように, 気温の時系列とア

イスの売上の時系列が与えられたとして，データから，回帰係数を決定することが回帰分析の目標である．

気温を x_i，$\log_{10}$(アイスの売上) を y_i として，第 i 日の気温，$\log_{10}$(第 i 日のアイスの売上) を考える．二つの変数 x, y の関係は $\hat{y}_i = \beta_0 + \beta_1 x_i$ で表されるとし，これを回帰式 $\hat{y}_i$ と呼ぶ．

$$y_i = \beta_0 + \beta_1 x_i + \varepsilon_i$$
$$= \hat{y}_i + \varepsilon_i \tag{4.12}$$

ここで，誤差項 ε_i は平均 0 の独立な正規分布に従うと仮定している．両辺の平均をとると

$$E[y] = \beta_0 + \beta_1 E[x] \tag{4.13}$$

が得られる．また，両辺に変数 x をかけて平均を取ると，

$$E[xy] = \beta_0 E[x] + \beta_1 E[x^2] + E[\varepsilon x]$$
$$= \beta_0 E[x] + \beta_1 E[x^2] \tag{4.14}$$

となり，ここで，数式 (4.13) を用いて，β_0 を消去すると，

$$E[xy] = \beta_1 (E[x^2] - E[x]^2) + E[x]E[y] \tag{4.15}$$

が得られる．$E[xy] - E[x]E[y] = E[(x - E[x])(y - E[y])]$ は共分散と呼ばれる量であり，$x = y$ のとき通常の分散 σ_x^2 の定義となる．変数 x と y の共分散を σ_{xy}^2 とおくと，回帰係数は

$$\beta_1 = \frac{\sigma_{xy}^2}{\sigma_x^2} = \frac{\sum_{i=1}^{n} (x_i - E[x])(y_i - E[y])}{\sum_{i=1}^{n} (x_i - E[x])^2}, \tag{4.16}$$

$$\beta_0 = E[y] - \beta_1 E[x]$$

と求まる．例で挙げたアイス A は，$\beta_0 \cong 5$, $\beta_1 \cong 5 \times 10^{-3}$, アイス B は $\beta_0 \cong 4$, $\beta_1 \cong 2 \times 10^{-2}$ と推定される．これにより，回帰式 $\hat{y}_i = \beta_0 + \beta_1 x_i$ を知ることができる．

$$\text{アイスの売上 [円]} = 10^{\beta_0 + \beta_1 \times \text{気温 [°C]}} \tag{4.17}$$

アイス A と B の売上は，上のような関係にあることが示唆される．得られた

回帰係数を使えば，気温に応じた仕入れ数や廃棄数の指標を作ることができる．

回帰係数の有意性検定

得られた回帰式は図 4.2 のように，散布図と重ねてプロットし目で確認する．その後，回帰式の妥当性を検定する場合，回帰係数 β_k について，二つの仮説を立てる．

$$\text{帰無仮説} \quad H_0 : \beta_k = 0,$$
$$\text{対立仮説} \quad H_1 : \beta_k \neq 0$$

検定には，回帰係数 β_0, β_1 それぞれに対して検定統計量 t_0, t_1 を次のようにする．

$$t_0 = \frac{\beta_0}{\sqrt{\frac{1}{n-2}\sum_{i=1}^{n}(y_i - \hat{y}_i)^2 \cdot \left(\frac{1}{n} + \frac{E[x]^2}{\sum_{i=1}^{n}(x_i - E[x])^2}\right)}}, \tag{4.18}$$

$$t_1 = \frac{\beta_1}{\sqrt{\frac{\frac{1}{n-2}\sum_{i=1}^{n}(y_i - \hat{y}_i)^2}{\sum_{i=1}^{n}(x_i - E[x])^2}}} \tag{4.19}$$

この検定統計量は，誤差項の分散が未知のとき，標本数 n のもとで自由度 $n-2$ の t 分布に従う．表 4.1 の POS データから得られた回帰係数は，アイス A については，$t_0 \cong 300, t_1 \cong 7$，アイス B については，$t_0 \cong 200, t_1 \cong 25$ となる．$\alpha = 0.01$ の有意水準と標本数 $n = 267$ において，臨界値 $t_\alpha = 2.60$ となることから，いずれの回帰係数も有意と判断される．もし，帰無仮説が受容される回帰係数があるならば，その係数は 0 となり，回帰式 $\hat{y}$ からは除かれる．

決定係数

検定を行い回帰式が有意であると判定された場合，次に気になることは，目的変数 y の変動を説明変数 x がどれだけ説明できているかである．この関係を表す量として決定係数がある．今，単回帰分析を適用した場合，以下の関係が得られる．

$$y_i - E[y] = \hat{y}_i - E[y] + \varepsilon_i \tag{4.20}$$

y の変動 $y_i - E[y]$ が，回帰で説明できる項 $\hat{y}_i - E[y]$ と説明できない項 ε_i に分解されたことになる．独立性を仮定しているため，この関係は二乗和をとっても成立する．

$$\sum_{t=1}^{n}(y_i - E[y])^2 = \sum_{t=1}^{n}(\hat{y}_i - E[y])^2 + \sum_{t=1}^{n}\varepsilon_i^2 \tag{4.21}$$

それぞれ左から，全二乗和，回帰二乗和，残差二乗和と呼ぶ．この関係式から，回帰で説明できる項が y の変動をどの程度説明したか調べるには，決定係数を

$$\begin{aligned}R^2 &= \frac{\sum_{t=1}^{n}(\hat{y}_i - E[y])^2}{\sum_{t=1}^{n}(y_i - E[y])^2} \\ &= 1 - \frac{\sum_{t=1}^{n}\varepsilon_i^2}{\sum_{t=1}^{n}(y_i - E[y])^2}\end{aligned} \tag{4.22}$$

と定義すればよい．この式は直感的にも明らかで，残差二乗和が 0 であれば，$R^2 = 1$ となり，回帰式で 100%の変動を説明できたことになる．

このようにして，回帰結果を評価すると，アイス A の回帰式の決定係数は 0.2，アイス B は 0.7 となる．アイス B の方が，式 (4.11) で仮定した回帰モデルがよくあてはまっていることを示している．一般に，決定係数を単回帰式でイメージすると，図 4.3 のようになる

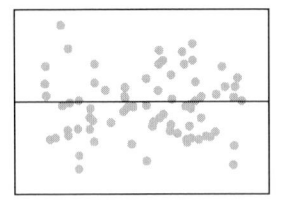

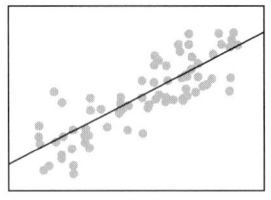

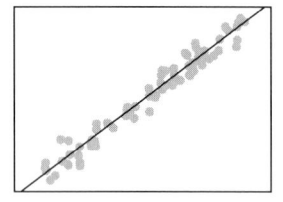

図 4.3　左から順に R^2 が 0, 0.3, 0.9 の回帰式のイメージと散布図．

注意：データの標準化について　回帰分析の際には，各変数を平均 0, 分散 1 になるよう変換する場合がある．この操作を，変数の標準化という．具体的には今 n 個のデータ点，$x = \{x_1, x_2, \cdots, x_n\}$, が与えられたとして，標準化された変数 x' とは，n 個から算出される平均値 μ と標準偏差 σ で，次のように定義される．

$$x'_i \equiv \frac{x_i - \mu}{\sigma} \qquad (i = 1, \cdots, n) \tag{4.23}$$

変数が正規分布に従う場合，x'_i は正規標準誤差に従う．標準化する利点として，回帰係数に平均や分散の情報が取り込まれることを防ぐことがあげられる．たとえば，平均の異なる変数同士の回帰係数は，極端に大きくなったり，小さくなったりするために，回帰係数の大小から目的変数への寄与を測ることが難しくなる．回帰分析を標準化されたデータで行う場合は，x_i, y_i を標準化された変数 x'_i と y'_i として読み変えればよい．

演　習　問　題

演習問題で必要となるデータ，解答や追加の情報などは，本書の Web サイト (http://www.smp.dis.titech.ac.jp/book_bigdata.html) を参照．

問題 4.2.1 データの生成と解析

標準正規分布 $N(0,1)$ に従う乱数 X の値 x_i に対して，確率変数 Y を $y_i = ax_i + \varepsilon_i$ と定める．ここで，ε は標準正規分布 $N(0,1)$ に従う誤差項とする．次の操作を行うことで 2 変数の関係を調べよ (データ数 N, a を適当に設定して行う)．

(1) 2 変数間の単回帰式を設定し，回帰係数の推定 (設定した a が求まるはず) とその有意性検定を行う．

(2) 得られた回帰式の決定係数を調べて，どの程度の説明力があるか確認する．

(3) 散布図と回帰式をプロットしてみる．

データ数 N や誤差項・乱数を異なる分布から発生させることで，回帰モデルの有意性がどう変わるか議論せよ．指数関係，べき関係も対数をとることで直線関係に帰着できる．

4.3 多変量の相関

多変量を扱う場合の相関分析の手法を紹介する．多変量の場合，2変数のみを考慮していた単回帰分析や相関係数では出会わなかった注意すべき点がいくつかある．

4.3.1 相関行列

相関係数とは，二つの確率変数同士の類似度を計る尺度であると説明した．多変量時系列の場合，変数 i,j 同士の相関係数 r_{ij} を (i,j) 成分に持つ行列 R を相関行列と呼ぶ．

$$R = \begin{pmatrix} 1 & r_{12} & \cdots & r_{1N} \\ r_{21} & 1 & \cdots & r_{2N} \\ \vdots & \vdots & \ddots & \vdots \\ r_{N1} & r_{N2} & \cdots & 1 \end{pmatrix} \quad (4.24)$$

ビッグデータを解析する場合，最も期待することは**人間の目で処理するには多すぎる多量の変数同士から強い相関関係を持つものを見つけること**であろう．データから読み取れる相関関係は統計的な法則 (経験則) でもあるため，もしその法則が堅く成立するのであれば，応用する際に強い力を発揮する．

たとえば，ある単語のブログへの書き込み数を知ることは，流行や人気を知るための非常に重要な方法となることが期待されている．また，ある単語と同時に書き込まれる単語を調べることで，流行の予測や把握，あるいは競合する製品や商店を知ることができるかもしれない．このような口コミと呼ばれる SNS やブログでの発言から有用なデータを抽出する解析が注目されており，相関を見ることはその最も基本となるアプローチである．ただし，ある単語の数は全エントリー数 (その日に書かれたブログの全記事数) などにも左右される，非定常な時系列である．そのため単語 i の t 日目の書き込み数を $x_i(t)$，ブログの全エントリー数を $X(t)$ とすると，

$$y_i(t) = \frac{x_i(t)}{X(t)} - \frac{x_i(t-1)}{X(t-1)} \quad (4.25)$$

で表される，全数で規格化した前日との差分時系列 $y_i(t)$ という変数が重要となる[4]．この $y_i(t)$ に対して，T 日間の相関係数 r_{ij} を計算する．

---

[4] ほかにも，1週間の周期性の排除などさまざまな修正方法が存在する．

$$r_{ij} = \frac{\sum_{t=1}^{T}(y_i(t)-E[y_i])(y_j(t)-E[y_j])}{\sqrt{\sum_{u=1}^{T}(y_i(u)-E[y_i])^2}\sqrt{\sum_{v=1}^{T}(y_j(v)-E[y_j])^2}} \quad (4.26)$$

ここで，平均 $E[\cdot]$ は単語 i の T 日間の書き込み数の差分時系列 $y_i(t)$ の平均

$$E[y_i] = \frac{1}{T}\sum_{t=1}^{T} y_i(t) \quad (4.27)$$

となる．

このように計算される N^2 個の相関行列の要素 (相関係数) について，検定をすることで有意か否かを判定しなければならない．相関係数を求めたときのデータ点 n (ここでは $n=T$) として，検定統計量 t を次のように定める．

$$t = \sqrt{\frac{r_{ij}^2(n-2)}{1-r_{ij}^2}} \quad (4.28)$$

検定統計量 t は近似的に自由度 $n-2$ の t 分布に従う．有意水準 α を設定し，有意と判定された成分のみを考え，無相関と判定された成分は，その要素を 0 として考えればよい．

相関構造の可視化

得られた相関行列を可視化することで，相関構造を直感的に理解することができる．可視化する際には，相関行列で定義される相関ネットワークや最小全域木[5] (minimum spanning tree, MST) がよく利用される．最小全域木 (最小極大木などとも呼ばれる) は元々複雑ネットワークの分野で用いられていたが，株価の相関構造を観測するために実データに応用された [18] のをはじめ，多通貨市場における通貨同士の相関 [19] や，コンビニにおける商品の売上同士の相関など，さまざまな場面で多変数の相関構造を把握するために使われる．

たとえば，抽出するキーワードを飲料ジャンル (図 4.4 に明示されているもの) とし，ブログ書き込み数を 2013 年 1 月 1 日から 12 月 31 日までの時系列として取得した．この時系列に対して式 (4.25) の変換を施して相関係数を計算して，得られた最小全域木を図 4.4 に示す．このように，最小全域木は多変数からなる相関構造を可視化する際に有効な手段である．

---

[5] 5.2 節において，可視化の方法とともに解説する．

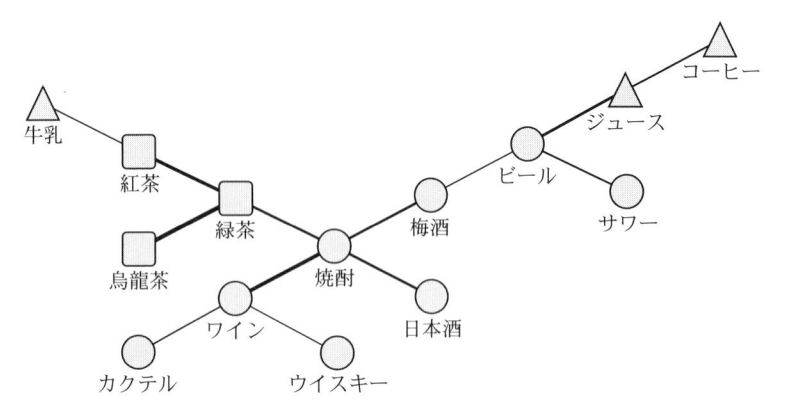

図 **4.4** ブログに書き込まれたジャンル名の出現頻度から推定した飲料ジャンルの最小全域木．飲料ジャンル間の正の相関をループができないようにつないだものである．アルコール飲料同士，お茶系飲料同士は，強い相関構造がみられ，同時に話題になりやすいことがわかる．

偽相関に注意 多変量を扱う際にも，交絡変数の存在とそれに伴う変数同士の偽相関に注意しなければならない．たとえば，飲料ジャンルのブログ書き込み数では交絡変数として気温や時間帯が考えられる．これは相関係数を使う場合の大きな問題である．

4.3.2 偏相関関係

互いが複雑に絡み合っている 3 変数以上の時系列データにおいて，2 変数だけに根差す本質的な相関を取り出すことは可能だろうか．二つのデータ X, Y の両方に相関する交絡変数 Z は通常は外部変数であり，X と Y のデータだけでは，Z の効果を統計学的な操作では取り除くことができない．しかし，変数が複数あるとき，ある二つの変数間の相関関係には，それ以外の変数が交絡変数となっていることが考えられる．このため，注目する 2 変数以外のデータも同時に分析することで，データ内に存在する交絡要因を検出し，除去することが可能となる．このようにして得られる相関を偏相関という．

4.1 節の式 (4.3) で述べたように，二つの確率変数が互いに独立であるとは同時確率分布がそれぞれの確率分布の積で表されることである．3 変数以上の複雑なシステムで 2 変数の相関や独立性を議論するときは，注目する 2 変数以外をすべて固定して考える必要がある．3 変数の場合として，確率変数 A, B, C

を考える．このとき，確率変数 C の値が c となる条件のもとでの条件付き同時確率分布 $P(a,b|c)$，同様の条件下のもとで $A=a$ となる確率 $P(a|c)$，さらに $B=b$ となる確率 $P(b|c)$ が次の関係にあるとき，A と B は C のもとで条件付き独立であるという．

$$P(a,b|c) = P(a|c)P(b|c) \tag{4.29}$$

第3の変数を固定しているだけで，2変数の場合と発想としては同じである．

図 4.4 の例に戻れば，烏龍茶–緑茶–焼酎はそれぞれ正の相関で結ばれているが，このとき，烏龍茶と焼酎にも正の相関があると言っていいだろうか．烏龍茶と焼酎の正確な相関関係を知りたければ，緑茶やその他の飲料ジャンルの書き込み数で条件付けする必要があるということは，直感的にもわかりやすい．このように第3変数 (注目する2変数以外の変数) の影響を取り除いた相関係数を**偏相関係数**と呼ぶ．偏相関係数も相関係数と同様に -1〜1 の値をとり，条件付けをしただけで正負の相関の考え方も変わらない．また，偏相関係数が 0 ということは，2変数が条件付き独立であることと解釈できる．

2変数間の偏相関係数を求めるために，確率変数が三つ以上の場合を考える．まずは，簡単な3変数 A, B, C の場合の具体的な手順を紹介する．確率変数 A, B, C は，式 (4.25) で定義される第 i 日のある飲料ジャンルの書き込み数の対数変化率 a_i, b_i, c_i とする．ここでは，飲料ジャンル C の書き込み数変化率の影響を取り除いた偏相関係数を得ることを目的とする．

まず，a_i と c_i の散布図から回帰式 $\hat{a}_i^c$ (たとえば，$\hat{a}_i^c = 3c_i$ は，飲料ジャンル C の書き込み数が 1 単位変動したとき，飲料ジャンル A は 3 単位変動することを示す) を得る[6]．この回帰式を利用すれば，a_i から，ジャンル C の書き込み数変化率の影響を除去した変数は，$A_i^c = a_i - \hat{a}_i^c$ として定義できる．まったく同様にして b_i もジャンル C の書き込み数変化率の影響を除去した変数として，$B_i^c = b_i - \hat{b}_i^c$ が定義できる．この新たな二つの確率変数 A_i^c と B_i^c に対して，相関係数を求めればよい．

この例のように，3変数間で線形の関係がある場合，確率変数 C のもとでの偏相関係数 $r_{AB|C}$ は，通常の相関係数 r_{AB}, r_{AC}, r_{BC} を用いて次のように

---

[6] 変数間の影響を取り除く方法はさまざまある．ここでは，変数間に線形の関係があると仮定して影響を取り除いている．

表される．

$$r_{AB|C} = \frac{E[(A_i^c - E[A_i^c])(B_i^c - E[B_i^c])]}{\sqrt{E[(A_i^c - E[A_i^c])^2]}\sqrt{E[(B_i^c - E[B_i^c])^2]}}$$
$$= \frac{r_{AB} - r_{AC}r_{BC}}{\sqrt{1-r_{AC}^2}\sqrt{1-r_{BC}^2}} \tag{4.30}$$

ここで求まる $r_{AB|C}$ は，ジャンル C の書き込み数変化率に依らない，ジャンル A とジャンル B の偏相関関係を表す．

確率変数の個数が一般の場合の偏相関係数

3 変数以上の多変量時系列を分析するときでも，注目する 2 変数以外の変数の影響を除いて偏相関係数を求めることには変わりない．この場合，相関行列の場合と同様に偏相関行列を定義できる．これは，確率変数 i,j 以外の確率変数の影響を取り除いた偏相関係数を行列の (i,j) 成分として並べたものである．

確率変数が仮に K 個あるときは，式 (4.30) のように簡単にはならないが，相関係数行列 R の逆行列と結び付けて，偏相関係数を求めることができる．注目する 2 変数 i と j 以外のすべての変数の集合 Res を固定した場合の偏相関係数 $r_{ij|Res}$ は，

$$r_{ij|Res} = -\frac{r^{ij}}{\sqrt{r^{ii} \cdot r^{jj}}} \tag{4.31}$$

となる[7]．ここで，r^{ij} は相関行列 R の逆行列 R^{-1} の (i,j) 成分である．解析する変量の中に強く相関する変量があると，相関行列が逆行列を持たないため，偏相関係数が求められないことがある．また，数値的に求められても信頼性の低い偏相関係数が得られることになる．これは，理論的には変数間は独立であるという前提のもとに解析しているために起こる**多重共線性**と呼ばれる問題である．

図 4.4 の例でも，2 体間の相関関係をすべて偏相関としたもので再計算することができる．偏相関関係の最小全域木 (図 4.5) では，図 4.4 の相関関数による構造と異なる結果が得られる．

---

[7] 対角成分は，本来ならば 1 であるが，式 (4.31) は常に -1 となってしまう．このため，対角成分は定義できていないことに注意する．

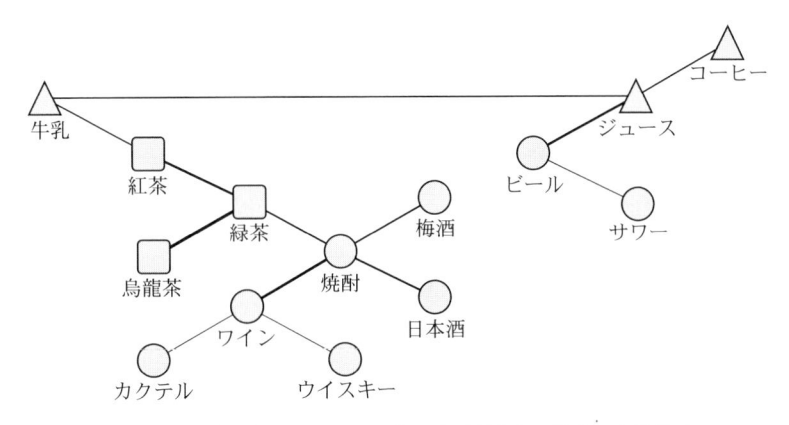

図 4.5 ブログに書き込まれたジャンル名の出現頻度から推定した飲料ジャンルの偏相関関係の最小全域木．飲料ジャンル間の正の偏相関関係をループができないようにつないだものである．線で結ばれる 2 体の関係の強さは，それ以外の変数の影響が取り除かれている．

偏相関係数の有意性検定

偏相関係数や偏相関行列の成分を検定することで有意なものを抽出することができる．検定統計量はデータ点 n と確率変数 x, y に注目した偏相関係数 $r_{xy|Res}$ を用いて以下のように計算する．

$$t = \frac{|r_{xy|Res}|\sqrt{n-K}}{\sqrt{1-r_{xy|Res}^2}} \tag{4.32}$$

検定統計量 t は自由度が $n-K$ の t 分布に従う．これまでと同様に，有意水準を決めて偏相関係数の検定を行うことができる．

注意点 偏相関係数は与えられた K 個の多変量時系列の枠組みで $K-2$ 個の影響を除いた任意の変数 i と j の相関係数を調べている．そのため，i, j に対して交絡変数が存在し，かつ観測可能なデータ列 K 個の中にその交絡変数がない場合は，偽相関が残っている可能性に注意しなければならない．株価などの社会データは，観測できる変量が増えたとしても，やはり本質的に観測しづらい量が存在する．複雑な要因が絡み合う現象に対しては，観測されない交絡

変数への十分な考察が必要である．

演 習 問 題

演習問題で必要となるデータ，解答や追加の情報などは，本書の Web サイト (http://www.smp.dis.titech.ac.jp/book_bigdata.html) を参照．

問題 4.3.1 多変量データの解析 1

複数社の株価データなどを集め，相関行列を計算し，有意水準 0.05 で相関検定を行え．

問題 4.3.2 多変量データの解析 2

問題 4.3.1 のデータから，偏相関行列を計算し，有意水準 0.05 で相関検定を行え．また相関行列と偏相関行列の値を比較し，偽相関の変数同士をみつけよ．

偏相関を導出する際に用いた回帰式で，変数の影響を除去する過程を逐一散布図にプロットし，偽相関とは何か視覚的に把握するとよい．

4.4 重回帰分析

多変量の説明変数を用いて目的変数を説明する場合，重回帰分析を用いることが多い．重回帰モデルとは，互いに独立な N 個の説明変数 x_i と目的変数 y_i が線形関係にあるとしてその影響を調べるモデルである．単回帰分析と比較して説明変数が増え，回帰係数決定までの課程が少し複雑になるが根本の考え方は変わらない．ただし，重回帰分析では変数が増えることから，単回帰分析での仮定に加えて，説明変数間が互いに独立であるという仮定が新しく必要となる．

例として，目的変数をアイスの売上 (の対数値) として，説明変数を気温，来店者数とした場合，重回帰分析では，アイスの売上が気温と来店者数を用いた線形近似で説明できると仮定する．つまり，表 4.2 のようなデータが与えられた際に，売上を決定するための重回帰モデルは，

$$\log_{10}(\text{アイスの売上}) = \beta_0 + \beta_1 \cdot (\text{気温}) + \beta_2 \cdot (\text{来店者数}) + \varepsilon \tag{4.33}$$

表 4.2　多変量時系列データの例. 単回帰分析と同じアイス A, アイス B について考察する. アイス A については, $\beta_0 \cong 5, \beta_1 \cong 6\times 10^{-3}, \beta_2 \cong -1\times 10^{-6}$ となり, アイス B については, $\beta_0 \cong 4, \beta_1 \cong 2\times 10^{-2}, \beta_2 \cong -1\times 10^{-7}$ となる. 1月1日から 9月 28日までの 267日分: $n=267$.

日付	アイス A の売上 [円]	アイス B の売上 [円]	気温 [°C]	来客者数 [人]
1月 14 日	197880	15700	9.7	140500
1月 15 日	154080	13300	11.6	141565
1月 16 日	188900	20200	12.1	142530
1月 17 日	147160	14800	8.2	139060
⋮	⋮	⋮	⋮	⋮

となる. ε は誤差項であり, モデルを決定するにはデータから $\{\beta_0, \beta_1, \beta_2\}$ を求めればよい. なお, 単回帰係数は相関係数と結びつくが, 重回帰分析においては, 以下で述べるように偏相関係数が重要な役割を持つ. 来店者数 1 単位の変動に対するアイスの売上の増減, 気温 1 単位の変動に対するアイス売上の増減を調べることが, 偏相関係数と関係があることは直感的にも理解しやすいだろう.

重回帰分析の基本的な考え方を理解するために, 回帰係数 $\{\beta_0, \beta_1, \beta_2\}$ を推定する方法を解説する. 今, データが n 点観測されたとして, 2 個の説明変数 x_i^1, x_i^2 で目的変数 y_i を説明する式 (4.34) の $\{\beta_0, \beta_1, \beta_2\}$ を最小二乗法を使って求める.

$$y_i = \beta_0 + \beta_1 x_i^1 + \beta_2 x_i^2 + \varepsilon_i \tag{4.34}$$

回帰式 $\hat{y}_i$ を

$$\hat{y}_i = \beta_0 + \beta_1 x_i^1 + \beta_2 x_i^2 \tag{4.35}$$

とすると, 残差二乗和 σ_ε^2 は,

$$\sigma_\varepsilon^2 = \sum \varepsilon_i^2 = \sum [y_i - \hat{y}_i]^2 \tag{4.36}$$

となる. 残差二乗和 σ_ε^2 は回帰式とデータとのずれであり, これを最小にする回帰係数を得るためには, 残差二乗和 σ_ε^2 を最小とする条件を計算する.

$$\frac{\partial \sigma_\varepsilon^2}{\partial \beta_k}=0 \tag{4.37}$$

これによって

$$\beta_0 = E[y] - \beta_1 E[x^1] - \beta_2 E[x^2], \tag{4.38}$$

$$\begin{pmatrix} \beta_1 \\ \beta_2 \end{pmatrix} = \begin{pmatrix} \sigma_{x^1}^2 & \sigma_{x^1x^2}^2 \\ \sigma_{x^2x^1}^2 & \sigma_{x^2}^2 \end{pmatrix}^{-1} \begin{pmatrix} \sigma_{x^1 y}^2 \\ \sigma_{x^2 y}^2 \end{pmatrix}$$

$$= \frac{1}{\sigma_{x^1}^2 \sigma_{x^2}^2 - \sigma_{x^1x^2}^4} \begin{pmatrix} \sigma_{x^2}^2 \sigma_{x^1 y}^2 - \sigma_{x^1x^2}^2 \sigma_{x^2 y}^2 \\ -\sigma_{x^1x^2}^2 \sigma_{x^1 y}^2 + \sigma_{x^1}^2 \sigma_{x^2 y}^2 \end{pmatrix} \tag{4.39}$$

が得られる．残差二乗和 σ_ε^2 が最小となる仮定のもとで最小二乗法で $\{\beta_0,\beta_1,\beta_2\}$ を解いた結果である．重回帰モデルでは，**変数 x_i 同士は独立だと仮定してい**るが，仮に変数間に強い相関があるとき，$(\sigma_{x^1}^2 \sigma_{x^2}^2 - \sigma_{x^1x^2}^4)$ の値[8]は，0 に近づく．よって逆行列で求めた β_1,β_2 の推定値に対する信頼性は低くなる．偏相関行列のところでも述べたように，独立性を仮定したことによる問題であり，**多重共線性**と呼ばれる．

以上は二つの説明変数を用いた最もシンプルな重回帰分析だが，一般には K 個の説明変数を必要とする．このときの重回帰モデルは次のように書き表される．

$$y_i = \sum_{j=1}^{K} \beta_j x_i^j + \varepsilon_i \tag{4.40}$$

2 変数の場合と同様，残差二乗和 $\sigma_\varepsilon^2 = \sum [y_i - \hat{y}_i]^2$ が最小となることを条件とする方程式を解けばよい．

$$\frac{\partial \sigma_\varepsilon^2}{\partial \beta_i} = 0 \qquad (i=0,\cdots,K) \tag{4.41}$$

この方程式の解を表すために，(l,m) 成分が変数 x^l と x^m の共分散 σ_{lm}^2 となる行列 $S=(s_{lm})$ と，第 l 成分が目的変数 y と変数 x^l の共分散 σ_{ly}^2 となるベクトル $T=(t_l)$ を考える．式 (4.38), (4.39) と同様に考えれば，最小二乗法による解のパラメータベクトル $\beta=\{\beta_1,\cdots,\beta_K\}$ は

$$\beta = S^{-1}T \tag{4.42}$$

---

[8] $\left(\dfrac{\sigma_{x^1x^2}^2}{\sigma_{x^1}\sigma_{x^2}}\right)^2$ は変数 x^1 と変数 x^2 の間の相関係数の二乗となる．

$$\beta_0 = E[y] - \sum_i \beta_i E[x^i] \tag{4.43}$$

と得られる．ここで推定した重回帰係数 β_k は，目的変数 y と説明変数 x^k の偏相関係数となる．したがって，他の変数 x の影響を取り除いた上で，互いに独立な変数 x^k と目的変数 y の間の関係を見ていることになる．

表 4.2 の POS データの例では，アイス A とアイス B について，それぞれ $\{\beta_0, \beta_1, \beta_2\} = \{5,\ 6 \times 10^{-3},\ -1 \times 10^{-6}\}$, $\{4,\ 2 \times 10^{-2},\ -1 \times 10^{-7}\}$ となる．アイス売上は，来客数データまで含めることで次のように推定された．

$$\text{アイス売上 [円]} = 10^{\beta_0 + \beta_1 \times \text{気温 [°C]} + \beta_2 \times \text{来店者数 [人]}} \tag{4.44}$$

標準回帰係数　標準化された変数 x と目的変数 y で得られた β は，**標準回帰係数**と呼ばれる．標準回帰係数は他の変数が一定の条件下で，変数 x が一単位動いた際に目的変数 y が偏差単位でいくら変動するかを示す．データを**標準化**をすることで異なる分散の変数を公平に比較することが可能になる利点がある．

4.4.1 重回帰モデルの評価

得られた回帰式や回帰係数が有意か否かを調べなければならない．特に，推定した回帰係数 β_k の有意性を検定するには，帰無仮説 H_0 と対立仮説 H_1 を次のように設定する．

$$\text{帰無仮説} \quad H_0 : \beta_k = 0,$$
$$\text{対立仮説} \quad H_1 : \beta_k \neq 0$$

今，回帰係数 β_k の標準誤差 (推定値の標準偏差) は，行列 S の逆行列の (i,j) 成分 s^{ij} で次のように書ける．

$$\sigma_{\beta_k} = \sqrt{s^{kk} \cdot \frac{\sum_{p=1}^{n}(y_p - \hat{y}_p)^2}{n - K - 1}} \tag{4.45}$$

また定数項 β_0 に関しては，

$$\sigma_{\beta_0} = \sqrt{\frac{\sum_{t=1}^{n}(y_t - \hat{y}_t)^2}{n - K - 1} \left(\frac{1}{n} + \sum_{p=1}^{K} \sum_{q=1}^{k} E[x^p] \cdot E[x^q] \cdot s^{pq} \right)} \tag{4.46}$$

で表される．誤差項の分散が未知のとき，β_k の検定統計量の t 値は，次のように定義される．特に，$K=1$ のとき，単回帰分析における t 値 (式 (4.18)，(4.19)) と等しくなることに注意する．

$$t_{\beta_i} = \frac{\beta_i}{\sigma_{\beta_i}} \tag{4.47}$$

帰無仮説のもとでは，この t 値が自由度 $n-K-1$ の t 分布に従うことが知られている．したがって，有意水準 α を決めて両側検定を行えばよい．表 4.2 の POS データで得た回帰式では，有意水準 $\alpha=0.01$ のもとで，アイス B の β_2 に関して，帰無仮説が受容される．このため，アイス B の β_2 は 0 であることが示唆される．

回帰モデルの検定

回帰係数ごとの有意性の検定とは異なり，回帰モデル $\hat{y}$ が適切かどうかを検定することができる．帰無仮説 H_0 を次のように設定する．

$$\text{帰無仮説} \quad H_0 : \beta_0 = \cdots = \beta_K = 0 \tag{4.48}$$

検定統計量の F 値は，残差二乗和と回帰二乗和を用いて，次のように定義される．

$$F = \frac{\sum_{t=1}^{n} (\hat{y}_t - E[y])^2 / K}{\sum_{t=1}^{n} (y_t - \hat{y}_t)^2 / (n-K-1)} \sim F_{k, n-K-1} \tag{4.49}$$

この F 値は自由度 $(K, n-K-1)$ の F 分布に従う．有意水準 α を決め，モデルの有意性検定をする．

例で得られたアイスの売上の回帰式 (4.44) の F 値は，アイス A と B でそれぞれ 48, 313 となり，どちらも帰無仮説は棄却される．つまり，回帰係数を個別にみると，$\beta_2=0$ であるが，モデル自体は無意味ではないという結論である．一方で，アイス B の回帰係数 β_2 は 0 であることが示唆されているから，アイス B の売上についての回帰式は二つ考えられる．

回帰式 β_2 あり：アイス B の売上 $[円] = 10^{\beta_0 + \beta_1 \times 気温\,[°C] + \beta_2 \times 来店者数\,[人]}$
$$\tag{4.50}$$

回帰式 β_2 なし：アイス B の売上 $[円] = 10^{\beta_0 + \beta_1 \times 気温\,[°C]} \tag{4.51}$

アイス B の売上の回帰式を，二つの回帰モデルとみて，どちらが有意かを F 値から推測できる．二つの回帰式を使って，それぞれの F 値から P 値を求めてみると，式 (4.51) の方が小さくなる．つまり，アイス B については，回帰係数 $\beta_2 = 0$ の回帰モデルのほうが有意であると判断される．

回帰モデルの検定の他に，回帰モデルの妥当性を議論する方法はいくつかある．

自由度調整済み決定係数

決定係数の定義に関しては単回帰モデルと同じである．しかし，重回帰モデルの場合，モデルに新たな説明変数を加えると決定係数が必ず高くなるため，変数の数 (= 自由度) で考慮した**自由度調整済み決定係数**が用いられる．**自由度調整済み決定係数** R'^2 は，

$$R'^2 = 1 - \frac{\sum_{i=1}^{n}(y_i - \hat{y}_i)^2 / (n-k-1)}{\sum_{i=1}^{n}(y_i - E[y])^2 / (n-1)} \tag{4.52}$$

で定義される．自由度調整済み決定係数は，説明変数の数を考慮して，回帰モデルの妥当性を議論する際に用いられる．POS の例では，アイス A は 0.2，アイス B は 0.7 となって，アイス B の回帰式の方がデータに当てはまりがよいことが分かる．

重回帰モデルの比較

重回帰分析では，変数の数を自由に設定できるので得られた回帰式による再現性だけでは，回帰を正しく行えたかどうかを評価してはいけないことがわかる．いくつかの回帰モデルが同時に考えられる場合，モデル間にある評価基準を与え優劣を決める必要がある．このような方法に，1971 年に赤池弘次が考案した情報量規準がある．その始祖となる AIC (Akaike's Information Criterion) と呼ばれる指標は，Kullback-Leibler 情報量を近似的に計算することで得られる．モデル i の AIC_i の値は次のようになる．

$$\text{AIC}_i = -2\log L_i(\theta) + 2k_i \tag{4.53}$$

$L_i(\theta)$ は最大対数尤度，k はパラメータの数である．最良のモデルは AIC が最小となるモデルとなり，そのときのパラメータベクトル $\theta = (\theta_1, \theta_2, \cdots, \theta_k)$ を

選択すればよい．端的に説明すると，第1項は，最大対数尤度が大きいほど良いモデルであることを表し，第2項は，パラメータが少ないほど良いモデルであることを表している．

適切な重回帰モデルを選択する場合，説明変数の数 k の重回帰モデルの AIC は

$$\text{AIC} = n(\log 2\pi + 1) + n\log \frac{\sum_{t=1}^{n}(y_t - \hat{y}_t)^2}{n} + 2(k+2) \tag{4.54}$$

で与えられる．帰無仮説モデルも含めて，さまざまな考え方に基づいて，複数のモデルを用意しておき，AIC の値が最も小さくなるモデルを選択するというのが情報量基準の考え方である．

たとえば，アイス B の売上について，F 値と同様に，AIC で二つの回帰式を定量的に評価することができる．

$$\begin{aligned} \text{回帰式 } \beta_2 \text{ あり}&: \text{AIC} = -421, \\ \text{回帰式 } \beta_2 \text{ なし}&: \text{AIC} = -423 \end{aligned} \tag{4.55}$$

AIC の値自体に意味はなく，モデル間の差に意味がある．AIC という尺度でも，回帰係数 $\beta_2 = 0$ の回帰モデルのほうが優れていると評価された．

演 習 問 題

演習問題で必要となるデータ，解答や追加の情報などは，本書の Web サイト (http://www.smp.dis.titech.ac.jp/book_bigdata.html) を参照．

問題 4.4.1 行列計算の実装

- 行列の積を計算するアルゴリズムを実装せよ．
- 2×2 行列の逆行列を手計算せよ．
- $n \times n$ 行列の逆行列を計算するアルゴリズムを実装せよ．

問題 4.4.2 重回帰分析

標準正規分布 $N(0,1)$ に従う乱数 X_1, X_2 の値 x_i^1, x_i^2 に対して，確率変数 Y を $y_i = ax_i^1 + bx_i^2 + \varepsilon_i$ と定める．ここで，ε は標準正規分布 $N(0,1)$ に従う誤差

項とする．次の操作を行うことで 3 変数の関係を調べる (データ数 $N=1000$, $a=-0.5, 0, 0.5$, $b=-0.5, 0, 0.5$ で行う)．

(1) 3 変数間の回帰式を設定し，回帰係数の推定 (設定した a, b が求まるはず) とその有意性検定を行え．

(2) 得られた回帰式の決定係数を調べて，どの程度の説明力があるか確認せよ．

(3) 散布図と回帰式をプロットせよ．

発展問題 4.4.3 重回帰分析

標準正規分布 $N(0,1)$ に従う乱数 X_1, X_2, X_3 の値 x_i^1, x_i^2, x_i^3 に対して，確率変数 Y を $y_i = ax_i^1 + bx_i^2 + cx_i^3 + \varepsilon_i$ と定める．ここで，ε は標準正規分布 $N(0,1)$ に従う誤差項とする．次の操作を行うことで 4 変数の関係を調べる (データ数 $N=100$, $a=-0.5, 0, 0.5$, $b=-0.5, 0, 0.5$ で行う．$c=0.001$)．

(1) 生成した Y を X_1, X_2 のみで重回帰分析せよ．

(2) 得られた回帰式の決定係数を調べて，どの程度の説明力があるか確認せよ．

(3) 自由度調整済み決定係数や AIC を用いることで，3 変数 X_1, X_2, X_3 で重回帰分析した場合とどちらがモデルとしてふさわしいか比較する．また，c の値を変えてみて，回帰モデルの評価がどう変わるか調べよ．

4.5 パス解析

重回帰モデルでは，説明変数間の独立性が仮定されていた．そのため，説明変数同士が強い相関を持った場合，多重共線性の問題が発生することを述べた．現実的には，多変数を扱う際に，二つの変数が独立であるという仮定を適用することは適切でない場合が多い．ここでは説明変数間の独立性を仮定しない，**パス解析**を紹介する．パス解析は，生物学者ライト (S. Wright) が考案した方法 [20] で，変数間に因果関係を仮定した上で，相関行列から因果推論を行う統計的な分析方法である．重回帰分析では各説明変数から目的変数への一方向の因果のみを仮定していたが，パス解析では変数間に自由に因果関係を仮定してモデルを作ることが可能である．

(a) 図: Y:アイス売上, X_1:来店者数 ← X_2:気温, 両者から Y へ矢印

(b) 図: Y:アイス売上, X_1:来店者数, X_2:気温, X_1,X_2 から Y へ矢印

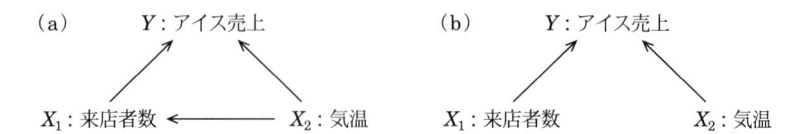

図 4.6　因果関係の可視化. (a) パス解析 (X_1, X_2 に独立性を仮定せず, X_1, X_2 を用いて Y を説明する) (b) 重回帰モデル (X_1, X_2 に独立性を仮定し, Y を説明する).

たとえば, 図 4.6 (a) のように気温が来店者数に影響し, 同時に気温と来店者数がアイス売上を決定するという因果関係を仮定することができる. つまり, 因果関係として, 変数間に次のような仮定をする.

$$Y:\text{アイス売上} \longleftarrow X_1:\text{来店者数},$$
$$Y:\text{アイス売上} \longleftarrow X_2:\text{気温},$$
$$X_1:\text{来店者数} \longleftarrow X_2:\text{気温}$$

パス解析では, 変数間の因果を決めることで, 自由度の高いモデル化が可能となる.

重回帰分析で使用した POS データを例として, 三つの確率変数 Y, X_1, X_2 の値 y, x^1, x^2 を第 i 日のアイス売上, 来店者数, 気温として, これを**標準化した時系列**を考える. さらに, これらと標準化された無相関な誤差 ε を考える. 先ほど仮定した変数間の因果関係を数式で表すと,

$$x_i^1 = \beta_{x^1 \leftarrow x^2} x_i^2 + \varepsilon_i^1, \tag{4.56}$$
$$y_i = \beta_{y \leftarrow x^2} x_i^2 + \beta_{y \leftarrow x^1} x_i^1 + \varepsilon_i^2 \tag{4.57}$$

とかける. 係数 β の添え字は, 仮定した変数間の因果関係に対応する. 式 (4.56) を式 (4.57) に代入すると,

$$y_i = (\beta_{y \leftarrow x^1} \beta_{x^1 \leftarrow x^2} + \beta_{y \leftarrow x^2}) x_i^2 + \beta_{y \leftarrow x^2} \varepsilon_i^1 + \varepsilon_i^2 \tag{4.58}$$

が得られる. $\beta_{y \leftarrow x^2}$ を x^2 から y への**直接効果**, $\beta_{y \leftarrow x^1}\beta_{x^1 \leftarrow x^2}$ を x^2 から x^1 を経由して y へ及ぶ**間接効果**と呼び, 二つの効果の総和を**総合効果**と呼ぶ. ここから変数 x^2 の単位当たりの変化に対して, y の期待値が $(\beta_{y \leftarrow x^1}\beta_{x^1 \leftarrow x^2} + \beta_{y \leftarrow x^2})$ となることがわかる. また, 各変数を結ぶ係数を**パス係数**と呼ぶ.

先ほどの例に戻れば, $\beta_{y \leftarrow x^2}$ は気温がアイス売上に影響する直接効果, $\beta_{y \leftarrow x^1}$

は来店者数がアイス売上に影響する直接効果，$\beta_{y \leftarrow x^1}\beta_{x^1 \leftarrow x^2}$ は気温が来店者数に及ぼした影響から波及したアイス売上に対する間接効果である．このように，仮定した因果関係の強さを，係数として得ることができる．パス係数はそれぞれ，

$$\beta_{y \leftarrow x^1} = \frac{\sigma^2_{yx^1}}{\sigma^2_{x^1}}, \quad \beta_{y \leftarrow x^2} = \frac{\sigma^2_{yx^2}}{\sigma^2_{x^2}}, \quad \beta_{x^1 \leftarrow x^2} = \frac{\sigma^2_{x^1 x^2}}{\sigma^2_{x^2}} \tag{4.59}$$

を計算することで推定できる．

POSデータのアイスAの例を考えよう．式 (4.59) から気温が来店者数に与える影響は $\beta_{x^1 \leftarrow x^2} = 2 \times 10^{-1}$ と求まる．また，来店者数がアイスAの売上に与える影響は $\beta_{y \leftarrow x^1} = -3 \times 10^{-1}$，気温がアイスAの売上に与える影響は $\beta_{y \leftarrow x^2} = -5 \times 10^{-1}$ となる．

パス解析は，仮定した因果関係によって単回帰と重回帰を組み合わせることに他ならない．つまり，**各変数を標準化した後，回帰係数を求めれば，パス係数**が求められる．このことから，パス係数も相関係数との結びつきが深い．今，数式 (4.56) の両辺に x^2 をかけて平均を取ると，相関係数が現れる[9]．

$$r_{x^1 x^2} = \beta_{x^1 \leftarrow x^2} \tag{4.60}$$

また，数式 (4.57) の両辺に，x^2 をかけて平均を取ると，

$$r_{yx^2} = \beta_{y \leftarrow x^1} r_{x^1 x^2} + \beta_{y \leftarrow x^2} \tag{4.61}$$

となるため，

$$r_{yx^2} = \beta_{y \leftarrow x^1}\beta_{x^1 \leftarrow x^2} + \beta_{y \leftarrow x^2} \tag{4.62}$$

が得られる．このように，相関係数 r は，間接効果 + 直接効果，に分解できることがわかる．なお，変数が増えた場合，相関係数 r は必ずしも総合効果だけで記述できるわけではなく，直接または間接的な因果関係のない偽相関の項が加わる．

パス係数の検定　重回帰モデルの回帰係数と同様に検定できる．アイスAの因果モデルについては，いずれのパス係数も帰無仮説が棄却され，推定されたパス係数が支持される．

---

[9] 標準化された時系列同士の共分散は，そのまま相関係数となる．

注意点 パス解析を用いると重回帰分析よりも自由度のある因果関係をモデル化することができる．しかしながら，パス解析はあくまで，利用者の仮説を実際のデータで検証してる側面が強い．今回は各変数の関係を式 (4.56), (4.57), 図 4.6 (a) のように仮定したが，これは一つの例に過ぎない．つまり，パス解析で得られたモデルは，利用者の主観，直観によって行われる仮説でしかなく，必ずしも現象の真の因果関係を表しているわけではないことに注意するべきである[10]．

演 習 問 題

演習問題で必要となるデータ，解答や追加の情報などは，本書の Web サイト (http://www.smp.dis.titech.ac.jp/book_bigdata.html) を参照．

問題 4.5.1 時系列データの因果関係

ある分布に従う乱数列 X を標準化した時系列 x_i に対して，確率変数 Y を $y_i = ax_i + \varepsilon_i$ と定める．また，確率変数 Z を $z_i = bx_i + cy_i + \varepsilon_i$ と定める．ここで，ε は標準正規分布 $N(0,1)$ に従う誤差項とし，また，パラメータ a,b,c は適当に決める．

(1) 3 体の間の因果関係をいくつか仮定せよ．
(2) 仮定した因果関係にもとづいてパス係数を求めよ．
(3) 各パス係数が有意か検定し，因果関係の仮説が妥当であるか検証せよ．生成した因果関係とは異なる因果関係でパス係数を求めた場合，因果モデルはどのように評価されるか調べよ．

---

[10] もちろん，仮定したものから矛盾が生じれば，仮定の間違いが言える．

第5章 複雑ネットワーク解析

　ある個体が周囲とどのように相互作用をして時間変化をしているのか，ある通貨ペアの為替レートが株価や債券の金利とどのように影響を与え合っているのか，商品Aの売れ行きと商品Bの売れ行きはどのように関わりあっているのか．要素間の相互作用について語るとき，前章までは相関という点で議論してきた．しかし，たくさんの変数同士のつながりを扱うときには，時系列解析や相関以外に"要素間のつながり"，"要素間の関係"の知識が必要となる．

　このように，さまざまな個体同士の相互関係や因果関係を知るために，ネットワークを用いて表現することがある．ビッグデータ解析においてもSNSにおける友達関係，発言の引用関係や企業の取引関係のように複雑ネットワーク解析の知識と技術が直接的に求められている分野もある．一方で，単語の共起関係や商品が同時に売買された関係など相関分析を基にしたネットワーク構造を，改めて定義することで，新しい知見を得たような分野もある．データにおける多種多様な個体の関係は，相関関係から発展して**相関ネットワーク**が注目されるようになってきている．複雑ネットワークは，ある一瞬の個体間の接続関係を見るという点で，時系列と対照的に語られることが多く，現在も世界中で盛んに研究されている．学問的にもまだ発展途上であり，現場のビッグデータ解析に刺激されて，熱く議論がなされている．

　ここでは，複雑ネットワークの基礎的な知識と解析手法を紹介する．データをネットワークとして表現することで，個体間の接続関係を考慮に入れてシステムの発展や特徴を記述できることを紹介する．

5.1 ネットワークの表現

ネットワークは，さまざまな分野で同時並行的に研究が進み，分野によってその取扱いが大きく異なる．注目する焦点が違うのはもちろん，同じ概念を異なる用語で表現することも多い．まずはネットワーク解析で必要な用語と概念について述べる．

ネットワーク (あるいはグラフとも呼ばれる) は，個体とその接続関係を可視化したものである．それぞれの個体はノード (サイト，頂点，節点) と呼ばれる記号で表され，個体同士の関係はノードを結ぶリンク (ボンド，辺，枝) で表す．ノードやリンクについては，さまざまな呼称が存在し，括弧内は同順の組で対となる呼び方である．リンクはエッジとも呼ばれ，ノードとエッジの組で語られることも多い．この本では，特別の言い換えが存在しない限り，ノードとリンクで統一する．

図 5.1 に示した例のように，ネットワークを構成するための最小単位は，リンクで接続される二つのノードの組となる．リンクに方向性がある有向ネットワークと方向性のない無向ネットワークの二つに大別される．どちらのネットワークとして取扱うのが好ましいかということに関しては，解析する対象によって使い分ける必要があり，必ずしもどちらが優位とは言えない．たとえば，

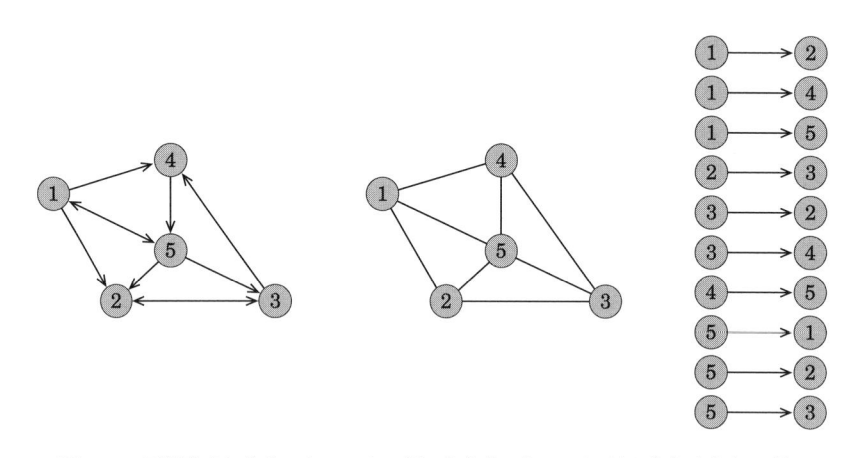

図 5.1　可視化されたネットワークの例．有向ネットワーク (左) と無向として扱った場合 (中)．有向ネットワークを構成するための最小単位である接続された二つのノードの組 (右)．

同時に購入された商品同士でネットワークを構成するときは，因果関係や順序関係が不明瞭なことから，無向ネットワークとして構成するのがふさわしい．一方で，捕食関係や個人間の噂の伝播をネットワークとして構成するとき，何が何を捕食したか，または誰が誰に噂を伝えたかで方向性を定義できることから，有向ネットワークとして扱うことが望ましい．

また，リンクに太さの情報を付加することもできる．リンクの太さとは，リンクで結ばれるノード同士の関係の強さのような指標であり，さまざまに定義できる．商品 A と商品 B が同時に買われた回数や，企業 A から企業 B への年間取引量など，あるノードとあるノードを結ぶリンクを特徴づけたいときに用いられる．可視化する際には，そのままリンクの太さとして描かれる．

同じネットワークでも無向か有向か，リンクに太さがあるかないかの違いで，解析結果は当然異なる．ただ，有向リンクは無向リンクよりも，太さのあるリンクはないリンクよりも詳細な情報を持っているため，より精度よくシステムを記述できている．しかし，データの質などから，やむを得ず向きや太さのないネットワークとして取り扱わざるを得ないときもある．どのようなネットワークでも定義を明確にし，一貫性のある取り扱いをすることが重要である．

ネットワークで次に重要なのは，次数という概念である．ネットワークの構造に関係する最も単純な指標であり，一つのノードがもつリンクの数で定義される．有向ネットワークの場合，ノードから出ていく方向にあるリンクの総数である出次数と，ノードに向かってくる方向にあるリンクの総数である入次数に分かれる．多くの場合，ネットワークの特徴はこの次数を介して記述され，複雑ネットワークの基礎理論から実務の解析においてまで重要な概念である．

特殊なネットワーク

複雑ネットワークの中には，次のような特殊なリンクも存在する．

- リンクの始点と終点が同じノードであるリンク：セルフループ
- 始点と終点の組が同じリンクが複数存在する：多重リンク

このような特殊なリンクを持つネットワークでも，以降紹介する解析は問題なく適用できる．しかし，一般には全体と比較して無視できるほどの存在として仮定されていることも多く，理論的な表式から導かれる性質とは差異が生まれるため，結果の解釈には注意する．

5.1.1　ネットワークの隣接行列

　個体同士の接続関係を表す方法として，ノードに番号を与え，どことどこが接続されているかという情報を，要素が 1 と 0 の行列で表すことがある．これによって，ネットワークと 1 対 1 に対応する行列を構成することができる．たとえば，無向ネットワークの場合，ノード i とノード j の間にリンクが存在したら，行列の (i,j) 成分と (j,i) 成分を 1 とするような行列を作る．このとき，第 i 行 (第 i 列) の 1 の数が，ノード i の次数となる．

$$A_{ij} = \begin{cases} 1 & (i\text{ と }j\text{ の間にリンクがあるとき}) \\ 0 & (\text{それ以外}) \end{cases} \tag{5.1}$$

この行列を隣接行列と呼び，ネットワークを理論的・数値的に表す際によく扱われる．無向の場合は，隣接行列は対称行列となるが，有向ネットワークでは i から j へのリンクはあるが，j から i へのリンクはないことがある．このため，一般に隣接行列は対称行列とならない．このとき，第 i 行 (第 i 列) の 1 の数が，ノード i の出次数 (入次数) となる．

　例として，図 5.1 のネットワークを用いると，有向ネットワークの隣接行列 $A = (A_{ij})$，無向ネットワークの隣接行列 $B = (B_{ij})$ は次のようになる．

$$A = (A_{ij}) = \begin{bmatrix} 0 & 1 & 0 & 1 & 1 \\ 0 & 0 & 1 & 0 & 0 \\ 0 & 1 & 0 & 1 & 0 \\ 0 & 0 & 0 & 0 & 1 \\ 1 & 1 & 1 & 0 & 0 \end{bmatrix}, \quad B = (B_{ij}) = \begin{bmatrix} 0 & 1 & 0 & 1 & 1 \\ 1 & 0 & 1 & 0 & 1 \\ 0 & 1 & 0 & 1 & 1 \\ 1 & 0 & 1 & 0 & 1 \\ 1 & 1 & 1 & 1 & 0 \end{bmatrix} \tag{5.2}$$

リンクに太さがある場合は，要素が 1 の部分に太さの値を書いた隣接行列として扱う．一般に次数などの隣接行列から定義されるネットワークの諸量は，リンクに太さがあるネットワークを扱うときも 2 値の隣接行列から定義されるのがふつうである．

　具体的に，ノード i の出次数 $k_i^{(\text{out})}$，入次数 $k_i^{(\text{in})}$ は隣接行列を用いて，次のように表される．

$$k_i^{(\text{out})} = \sum_{j=1}^{N} A_{ij}, \quad k_i^{(\text{in})} = \sum_{j=1}^{N} A_{ji} \tag{5.3}$$

無向ネットワークの場合，次数 k は $k=k_i^{(\text{out})}=k_i^{(\text{in})}$ となる．

隣接行列は，ネットワーク上での現象を考えたとき，遷移行列 (推移確率行列) と密接に結びつき，非常に重要なものとなる．多くの理論解析では，この隣接行列を用いて空間構造を知ることになる．

5.1.2　ネットワークの隣接リスト

隣接行列を数式で表すのは平易であるが，計算機上でネットワークを解析する場合には，効率が悪いことが多い．特に，隣接行列が疎行列と呼ばれる，成分の多くが零である行列の場合，隣接リストと呼ばれる形でネットワークを記述することで計算が高速化されることが知られている．

隣接リストは，リンクの情報のみを記述していく方法で，$A_{ij}=1$ となる i と j の組をすべて書き出していくことと同じである．例として，図 5.1 のネットワークを用いて，隣接リストでネットワークを表すと，次のようになる．

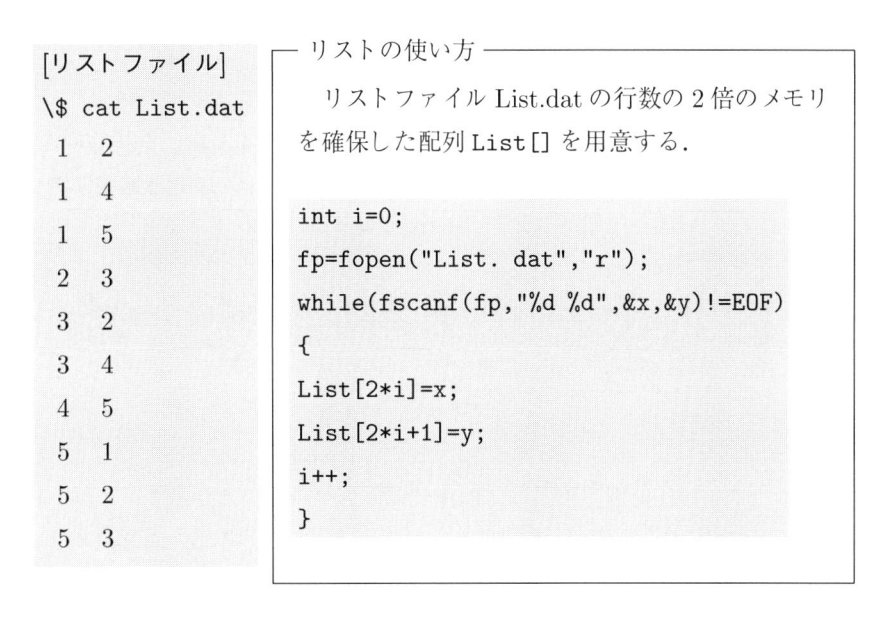

[リストファイル]
```
\$ cat List.dat
 1  2
 1  4
 1  5
 2  3
 3  2
 3  4
 4  5
 5  1
 5  2
 5  3
```

― リストの使い方 ―

リストファイル List.dat の行数の 2 倍のメモリを確保した配列 List[] を用意する．

```
int i=0;
fp=fopen("List. dat","r");
while(fscanf(fp,"%d %d",&x,&y)!=EOF)
{
List[2*i]=x;
List[2*i+1]=y;
i++;
}
```

このようにリストの第 $i-1$ 行の左列が List[2*i] に格納される．リストは配列に格納して，ファイルアクセスの機会を減らすことで，処理速度を上げることができる．ここでは，$i \to j$ となるリンクに対して，この順でリストに起こした．この隣接リストにおいて，ノード i の出次数はリストの左列に i が出て

くる回数，入次数はリストの右列に i が出てくる回数である．

次数の測定——C 言語による方法

上記のようなリストを記したファイルを作成する．ノードの総数だけメモリを確保して初期化した配列を用意し，ノード番号に対して出次数 OutDeg (入次数 InDeg) を返すようにしたい．

```
fp=fopen("List.dat", "r");
while(fscanf(fp, "%d %d",&x,&y)!=EOF)
{
OutDeg[x]+=1;
InDeg[y]+=1;
}
```

このとき，配列 OutDeg と InDeg は求めるものとなっている．

次数の測定——awk による方法

リストを記したファイルを作成する．連想配列をうまく使うことで，C 言語の方法より簡単に求まる．後に紹介するネットワークの強連結性に注意して，出次数と入次数は別々に求める必要がある．

```
awk '{D[$1]+=1}END{for(i in D){print i,D[i]}}' List.dat
```

このとき，ノードの番号と出次数が出力される．$1 を $2 にすることで，入次数を出力することができる．

ノード数がすべて 10 であり，接続の仕方に違いがある三つのネットワークを例に隣接行列と隣接リストの方法を比べてみよう．図 5.2 (左) は完全ネットワークと呼ばれ，すべてのノードが自分以外のすべてのノードと結合している．空間構造として，非常に対称性がよく，どのノードやリンクも平等であり，理論解析に優しい構造である．図 5.2 (中) は，スターネットワークといわれ，中心のノードを通して他のすべてのノードがつながっている．図 5.2 (右) は，物理学でよく使われる 1 次元格子系をネットワークの言葉に置き換えたもので

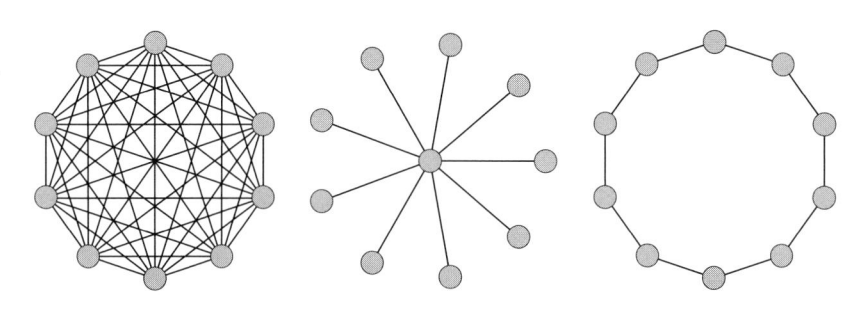

図 5.2 典型的なネットワーク：(左) 完全ネットワーク, (中) スターネットワーク, (右) 1 次元周期境界最近接ネットワーク.

ある.

上記のネットワークを隣接行列および隣接リストで表したとして話を進める (問題 5.1.1).

上の三つのネットワークの隣接行列は, それぞれ 1, 0 の成分の配置が違うものの 10×10 の行列になったはずである. しかし, 右二つのネットワークは 100 個の要素に対して, 実際に使っている成分数は非常に少ない. 前述のように, 数値解析をする際に成分が 1 となっている部分にだけ注目する隣接リストを使うことで大幅に情報量を削減できることが知られている.

演 習 問 題

演習問題で必要となるデータ, 解答や追加の情報などは, 本書の Web サイト (http://www.smp.dis.titech.ac.jp/book_bigdata.html) を参照.

問題 5.1.1 隣接行列と隣接リスト

図 5.2 に示したノード数 $N=10$ の完全ネットワーク, スターネットワーク, 1 次元周期境界最近接ネットワークを隣接行列と隣接リストでそれぞれ表せ.

問題 5.1.2 隣接リストの生成

N を与えると, そのノード数で構成される完全ネットワーク, スターネットワーク, 1 次元周期境界最近接ネットワークのリスト表現が出力されるような

プログラムを作成せよ．

問題 5.1.3 ネットワークの作成

英語の長文 (10000 単語程度) から単語の共起関係のネットワークを作れ．Wikipediaなどの記事で構わない．各単語の次数を見て，他の単語と多く共起されている単語を調べよ．

[例] In early days, the school was located in Kuramae.

上の文の隣接リスト (文の切れる点を考慮し，重複リンクは取り除く．数字などは適宜適当な処理をする．)

in early
early days
the school
school was
was located
located in
in Kuramae

5.2 ネットワークの可視化

隣接リストが与えられただけではどのようなネットワークであるかを把握するのは困難であるし，生成したプログラムやアルゴリズムに誤りがなかったかどうかを判断するのは難しい．まずは，大まかに可視化してみることで解析の方向性を決めたり，アルゴリズムの妥当性を確認するということも重要である．

ここでは，複雑ネットワークを表す隣接リストからネットワークを可視化する無償のソフトを紹介する．ノードのレイアウトを自動で行ってくれるほか，次節以降で紹介する解析方法のうち，いくつかは簡単な関数として用意されている．大規模なネットワーク (ノード数が1万以上) や大量のネットワークを処理しようとすると計算に時間がかかるため，あくまで最終的な描画のみに用いるとよい．

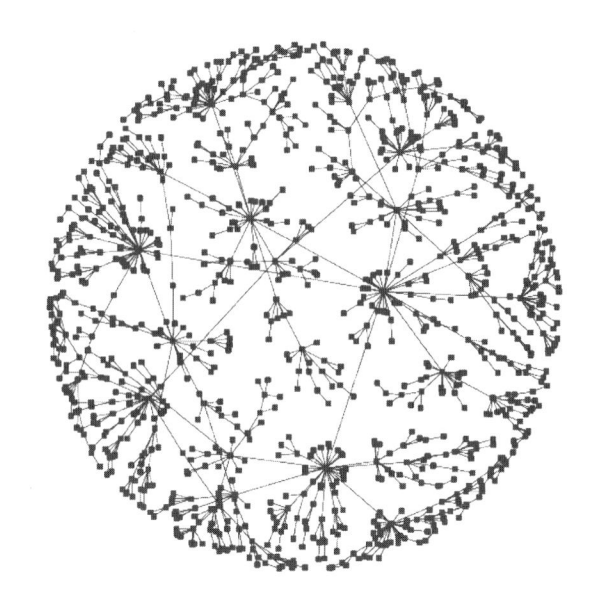

図 5.3 ネットワークのレイアウトの例.

5.2.1 Cytoscape

Cytoscape は生物情報学の用途で使われるオープンソースのソフトウェアであるが，GUI で行うネットワーク可視化は非常にわかりやすく，分析ソフトとしても十分に威力を発揮する．

Cytoscape[1] のサイトから最新 (2014 年 4 月時点で Ver.3.1.0) のソフトウェアをダウンロードする．なお，日本語での解説も有志によって作成されていて，細かい設定や高度な取り扱いにも十分対応できるようになっている．

──── 具体的な手順 ────

ここでは，複雑ネットワークのリストを Cytoscape に読み込ませて，描画する．

(1) 複雑ネットワークを表すリスト (list.txt) を用意する (読み込める拡張子に注意する).

(2) メニューから File→Import→Network→File を選択する．

---

[1] URL は，http://www.cytoscape.org/

(3) 用意した list.txt を読み込む.

(4) Interaction Definition でリストの左のノードから右のノードに有向リンクを定義したい場合は Source Interaction に Column1 を，Target Interaction に Column2 を選択して OK を押す.

以上の手順でネットワークを読み込ませることができたはずである．データの規模が大きくなると読み込みに時間がかかったり，読み込みに失敗することもある．

Control Panel の Viz Mapper からノードやリンクの色やデザインを決めることができる．初期設定では，リンクは直線で表されていて，向きが描画されていないため直す必要がある．

初期設定で読み込んだネットワークはノードが格子状に配置されている．メニューから Layout を選び，さまざまなレイアウト手法をためし，見栄えの良い配置のものを選ぶとよい．また，File→Export→NetworkViewAsGraphic で描画したものを画像ファイルに出力することもできる．

「ノード番号　特徴量」あるいは「リンク番号　特徴量」を記録した 2 列のデータを File→Import→Table→File から読み込ませると，特徴量に合わせてノードやリンクの大きさを変化させたり色を変えたりして，より視覚的効果を持たせることができる．

また，Tools→NetworkAnalyzer→NetworkAnalysis→AnalyzeNetwork から，読み込んだネットワークのさまざまな統計量や分布を解析するツールが整っている．大規模なネットワークや，大量の複数のネットワークで計算するには GUI であるため時間がかかる．

5.2.2　R の igraph ライブラリ

CUI でのネットワークの描画・解析は R の igraph ライブラリで行うことができる．シェルスクリプトを用いることができるので，複数のネットワークに対して描画や解析を行うときに便利である．

Cygwin をインストールしていれば，R も含まれているはずである．Rstudio のような環境でも当然機能する．igraph ライブラリを使うには

```
$ install.packages("igraph")
```

で，igraph ライブラリをインストールする必要がある．これを利用し，隣接リスト (List.dat) を読み込み描画するには

```
$ library(igraph)
$ g<-read.graph("List.dat",directed=TRUE)
$ plot(g)
```

とすればよい．初期設定ではノードの配置はランダムだが，レイアウト用にさまざまな関数が用意されていて，これらの関数は layout. から始まる名前を持っている[2]．たとえば，layout.spring (graph,…,params) による描画をしたければ

```
$ library(igraph)
$ g<-read.graph("List.dat",directed=TRUE)
$ lay<-layout.spring(g)
$ plot(g,layout=lay)
```

となる．lay にはレイアウト関数で計算されたノードの座標が格納されているため，lay の内容を出力することもできるし，逆に lay に自身で指定した座標をわたすこともできる．リストファイルの読み込みからプロットまでの間に次のように書くことで，リンクの色は青で太さ 5，ノードの色は黒で大きさ 10 といったように設定できる．

```
$ E(g)$color<-"Blue"
$ E(g)$width<-5
$ V(g)$color<-"Black"
$ V(g)$size<-10
```

E(g)$width や V(g)$size は，ベクトルであるのでノードやリンクごとに太

---

[2] レイアウト関数のヘルプ：http://igraph.sourceforge.net/doc/R/slayout.html

さや大きさを設定したファイルをここで読み込ませることで反映される．

画像への出力は上記コード中の plot 関数の行を次の 3 行に置き換えれば，test.eps として出力される．

```
$ postscript("test.eps",fonts=c("serif"),
  horizontal=FALSE,onefile=FALSE,paper="special")
$ plot(g,layout=lay)
$ dev.off()
```

GUI の Cytoscape と違って，igraph による描画は細かく設定できるので作図に拘りたいときはこちらの方が使い勝手が良い．tkplot の関数でわずかながら GUI でも操作できる．

他にも，無償のネットワーク描画ソフトには Gephi[3]，Pajek[4] や Graphviz[5] などが存在する．基本的には隣接リストを入力ファイルとすることで描画できる．描画ソフトそれぞれに長所短所があるため，解析するデータがこれまでにどのような描画ソフトで扱われてきたかや，レイアウトのよさで選ぶとよい．

5.2.3　相関構造の可視化

ここまでの知識があれば，変数間の相関構造を計算したものを可視化することができる．直感的・視覚的にわかりやすく表現するために，相関行列で定義される最小全域木 (minimum spanning tree, MST) がよく利用される [18, 19]．最小全域木とは，リンクに重みが定義されているネットワークにおいて，すべてのノードを含む木で，かつリンクの重みの総和が最小となるものをいう．

最小全域木を作るには，**相関係数の高い変数同士をループが生成されないよう，順番にリンクで結べば**よい．これを生成するための，具体的な手順を下に示す．

─ 相関構造観測のための最小全域木生成法 ─

あらかじめ相関行列を計算しておく．

---

[3] URL は，http://oss.infoscience.co.jp/gephi/gephi.org/

[4] URL は，http://pajek.imfm.si/doku.php

[5] URL は，http://www.graphviz.org/

(1) 相関係数 r_{ij} を降順に並べる.
(2) 順番に相関係数 r_{ij} を抽出し, (i,j) 間をリンクで結ぶ.リンクで結ぶことによりループが生成される (i,j がすでに同じクラスターに属する) ならば何もしない.
(3) n 個のノードがすべて,$n-1$ 本のリンクで結ばれたら計算を終了する.

最小全域木による相関構造の可視化は 4.3 節でも行っている.

演 習 問 題

演習問題で必要となるデータ,解答や追加の情報などは,本書の Web サイト (http://www.smp.dis.titech.ac.jp/book_bigdata.html) を参照.

問題 5.2.1 ネットワークの描画

1 節で作ったネットワークや自分で作った簡単なネットワークを描画してみよ.レイアウトの特徴などを理解せよ.

問題 5.2.2 相関構造の可視化

4.3 節で作成した相関行列において,相関構造を MST で表し,描画せよ.描画する際にリンクの太さを相関係数の大きさで変える.

ネットワークを可視化したり,解析ツールを利用することでプログラムが想定どおりに動いているかどうかを,こまめに確かめることを推奨する.

5.3 ネットワークの持つ基本特徴量

隣接行列には,ネットワークの持つ情報がすべて含まれている.しかし,0, 1 の情報とその配置でしか把握できないため,陽にはその特徴がつかめない.仮に現象の持つ動力学的な要因のほかにネットワーク構造に大きく影響されると結論付けられたとしても,隣接行列だけでは,そもそも現象がどのようなネットワークの上で起きているのか,ネットワークの何に影響されているのかを自動的に特定することはほぼ不可能である.

動力学パラメータのように，陽にあらわれているパラメータではないので解析や性質把握の際には注意を要する．このように，隣接行列はまさしく構造の"すべて"の情報を含んでいるがゆえに，逆に解析を難しくする．ここでは，理論としてよく調べられていて，解析も容易な性質・指標に注目する．

次数分布・隣接次数分布

　ネットワークの次数分布は，次数の確率密度関数(確率関数)あるいは累積分布関数で表される．有向ネットワークであれば，入次数と出次数で二つの分布が定義される．この次数という指標は，ノードの特徴に注目したものでネットワークの接続関係を完全に省いてしまっている情報である．しかし，複雑ネットワークの分野では，次数分布の形状から多くのネットワーク特徴量やネットワーク上のダイナミクスを説明することに成功している．たとえば，平均次数 $E[k]$ や二乗平均 $E[k^2]$ は，ネットワークが疎であるかどうかを見る指標ともなるし，ネットワークの脆弱性を理論的に議論するうえでも注目される量である．次数分布に注目することはネットワーク分析の初歩であるが，最も必要となる．

　ネットワークの次数分布は $P(k)$ あるいは累積分布関数 $P(\geq k)$ と書かれる．$P(k)$ はデータ解析で得られる分布であるため，さまざまな表式をとりうるが，理論的に二項分布，正規分布，ポアソン分布やべき分布によってモデル化されることが多い．このようなネットワークは，前三つはランダムネットワーク，最後はスケールフリーネットワークと呼ばれ，次節の「ネットワークの生成と操作」で改めて紹介する．

　隣接次数分布 $f(k)$ とは，ネットワーク上で隣接しているノードの次数分布である．無向ネットワークであれば，リンクの両端についているノードの次数の確率密度関数となる．有向ネットワークであれば，出リンクにつながるノードの隣接出次数分布と隣接入次数分布，入リンクにつながる隣接出次数分布と隣接入次数分布と少し煩雑になる．

　ノードに対する次数分布は，無向ネットワークであれば，あるノードを無作為にネットワークの中から選んだとき，確率 $P(k)$ で次数 k のノードが選ばれることを表す．一方で，隣接次数分布は，あるリンクを無作為にネットワークの中から持ってきたとき，確率 $f(k)$ でリンクの一方が次数 k のノードである

ことを表す．次数分布 $P(k)$ と隣接次数分布 $f(k)$ は，ネットワークの中からノードを無作為抽出するのか，リンクを無作為抽出するのかという視点の違いである．

この隣接次数分布 $f(k)$ は，次数分布 $P(k)$ を用いて表すことができる．まず，ネットワーク全体を構成するリンクの本数 L は，無向の場合 $L=\sum kNP(k)/2$ 本である．また，次数 k につながるリンクの総数は，$kNP(k)/2$ 本である．つまり，あるリンクを無作為に選んだとき，それが次数 k につながるリンクである確率は $f(k)$ と等しくなり，

$$f(k)=\frac{kP(k)}{\sum_k kP(k)} \tag{5.4}$$

と表される[6]．隣接次数分布は，次に紹介する次数次数相関と深くかかわっており，理論上も多用されている．

次数次数相関

次数次数相関あるいは次数相関とは，対象とするネットワークにおいて，大きい次数のノード同士が結合しやすいのか，もしくは，大きい次数と小さい次数のノード同士が結合しやすいのか，その傾向を定量的に調べたものである．一般に前者をネットワークに正の相関 (Assortativity) があるといい，後者を負の相関 (Dissortativity) があるという．ネットワーク全体として，このような傾向がみられないときは，ネットワークは無相関であるという．

たとえば，実際のネットワークでは，映画の競演俳優 [21] や論文の共著者 [21] 同士のネットワークなどの人間関係のネットワークは次数相関が正になりやすく，たんぱく質反応ネットワーク [21]，神経ネットワーク [21]，通信ネットワーク [21] や企業間取引関係ネットワーク [22,23] のような生物・工学・社会系のネットワークは次数相関が負のものが多く観測されている．

この次数相関の数量化には，いくつかの手法があるが，ここでは主要な二つを紹介する．

□ニューマン (Newman) らによる方法 [24]　ピアソンの相関係数を拡張し，リンクの両端の次数の相関係数を計算する．次数相関を一つの数値に落とすこ

---

[6] ネットワークの次数分布 $P(k)$ を用いて母関数を定義することでも求めることができる．

とができる．具体的には，次のような式になる．

$$r = \frac{4M\sum_{i,j}^{N}A_{ij}k_ik_j - \left[\sum_{i,j}^{N}A_{ij}(k_i+k_j)\right]^2}{2M\sum_{i,j}^{N}A_{ij}(k_i^2+k_j^2) - \left[\sum_{i,j}^{N}A_{ij}(k_i+k_j)\right]^2} \quad (5.5)$$

ここで，M はリンクの総数を表す．ニューマンらは次数相関係数と呼ばれる指数として，ネットワークの次数相関を評価している．次数相関を数値化できるので，他の特徴量との比較が容易である．大きい次数同士のノード同士が隣接していると正の値をとり，逆なら負の値をとる．無相関なら，0 の値をとる．

□ パストル–サトラス (**Pastor-Satorras**) らによる方法 [25]　ある次数 k のノードの関数として，隣接ノードの次数平均

$$k_{nn}(k) = E[k'|k] \quad (5.6)$$

を次数相関として計算する．パストル–サトラスらによる方法は，隣接ノードの次数を図 5.4 のように散布図として得ることができる．次数相関のグラフの概形やその変化などで，その傾向を追うことができる．無相関の場合はグラフの概形は次数 k に依らず，一定値をとる．右上がり (右下がり) の関数形であれば，大きい次数のノードには大きい次数 (小さい次数) が隣接していることになり正の相関 (負の相関) があることが示唆される．二つの次数相関の正・負・零の関係は対応するが次数相関係数と最近接平均次数を直接比較することはできない．これらの方法で次数相関を計量するためには，まず，ネットワーク (図 5.1) のリストファイルで左右にあるノードの次数を 3 列目と 4 列目に書き加える．

```
$cat List.dat
1 2 3 3
1 4 3 3
1 5 3 4
2 3 3 3
2 5 3 4
3 4 3 3
```

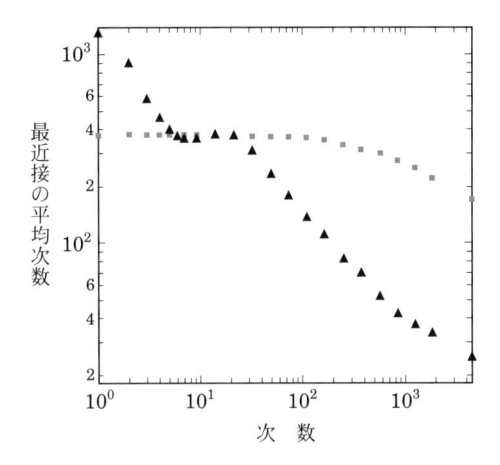

図 **5.4** ネットワークで観測された次数相関の例 (出典：H. Watanabe, H. Takayasu, M. Takayasu, "Biased diffusion on Japanese inter-firm trading network: Estimation of sales from network structure", *New J. Phys.*, **14** (2012) 043034. ⓒ IOP Publishing & Deutsche Physikalische Gesellschaft. CC BY-NC-SA).

```
3 5 3 4
4 5 3 4
```

ここでは，ネットワークを無向として扱った．有向ネットワークの場合も，単純化のために各ノードの入次数・出次数の平均や和をとるなどして無向のように扱うことが多い．この 3 列目と 4 列目に対して，最近接平均次数 $k_{nn}(k)$ は，次で求めることができる．

```
$ awk '{knn[$3]+=$4;knn[$4]+=$3;num[$3]+=1;num[$4]+=1}
  END{for(i in knn){print i,knn[i]/num[i]}}' List.dat
```

また，3 列目と 4 列目の相関係数を求めることでニューマンらによる相関係数を求めることができる．

理論的には，次数 k' と次数 k のノードが接続している確率 $P(k', k)$ は，条件付き確率 $P(k'|k)$ と隣接次数分布 $f(k)$ を用いると

$$P(k', k) = P(k'|k) f(k) \tag{5.7}$$

で表される．パストル–サトラスらによる方法での $k_{nn}(k)$ は

$$k_{nn}(k) = \sum_{k'=1} k' P(k'|k) \tag{5.8}$$

で表される．無相関の場合は k に依らず，k' が決まるため，独立な確率の積となる．

$$P(k', k) = f(k')f(k) \tag{5.9}$$

次数相関を考えることで次数分布ではわからない**接続**に関する情報が初めてわかる．同じ次数分布でも次数相関が正・負・零のネットワークは存在するが，簡単にするためにネットワークが無相関であると仮定して議論が進められることが多い．このような仮定のもと，ネットワークを理論的に取り扱うことを「平均的な接続がされている場として近似する」という意味から**平均場近似**という．

クラスタ係数

ネットワーク全体についての尺度として，次数相関に続いてよく測られる統計量にクラスタ係数というものがある．クラスタとは，厳密な単語として定義されているわけではないが，結びつきの強い者同士の集団を表し，クラスタ性とは結びつきの強さのことを言う．クラスタ係数は注目するノードの隣接ノード間にどの程度つながりがあるかを示す指標である．

クラスタ係数が大きいということは，隣接ノード間も結合してることが多く，高いクラスタ性を示唆する．実際のソーシャルネットワークで高くなる傾向が観測されていることからも「友人の友人は友人」という言葉や内輪づきあいの多さによくたとえられる．

次数 k_i を持つノード i のクラスタ係数 C_i は，次のように定義される．

$$C_i = \frac{E_i}{k_i(k_i-1)/2} \tag{5.10}$$

分母は隣接ノードから二つ任意に選んでくる組み合わせの総数であり，隣接ノード間に張ることができるリンクの総数を表している．分子は，実際に隣接ノード間に張られているリンクの数である．ネットワーク全体についてのクラスタ係数 C は

$$C = \frac{1}{N}\sum_{i}^{N} C_i \tag{5.11}$$

で定義される．定義からわかるように，ネットワーク内の接続する三つのノードが3角形の結合をしている割合で，0から1までの値をとる．密なネットワークだと計算に時間がかかる．次数相関と完全に独立な量ではないが，接続に関する情報を含む統計量として多用される．

ネットワークの距離

複雑ネットワーク上のノード間の距離は，二つのノード間の接続関係をたどって行く経路 (path, 道) の長さで定義される．特に，二つのノード i,j 間に存在する複数の経路のうち，最短経路の長さをノード間距離 $L_{i,j}$ と定義する．あるノードの隣は距離1，その隣は距離2といったぐあいに定義される．単位は，リンク，ステップやホップなどが用いられる．ただし，ノード間距離の計測には，5.7節で後述する「探索アルゴリズム」というこみいった方法が必要であるため実装の詳細はここでは省く．

複雑ネットワークの研究において，距離は早くから注目されていた．なかでも，スタンレー・ミルグラムが行ったスモールワールド実験 [26] が有名である．最終的に手紙が届く人物をミルグラムが指定したうえで，手紙を受け取った被験者は，目標の人物か目標の人物に最も近いと思われる自分の知人に手紙を出すという行為を，手紙を受け取った人が繰り返すことで人間関係の距離を見ようとした実験である．結果は，平均6人を介して目標の人物に到達したことが報告された．最近では，日本のSNSであるmixiの友達関係は6人辿ると全体の95%の人に到達できることが確認 [27] され，Facebookでは平均ノード間距離は4.74人であることが報告 [28] されている．また，日本の企業間取引ネットワークでも構成するノード数に対して，平均ノード間距離は5と非常に小さいことが報告 [29] されている．人間関係のような大きな複雑なネットワークでも，ノード間距離はそれほど大きくはならないスモールワールド性と呼ばれる仮説を裏付ける実例である．

一般に，現実に観測されるような複雑ネットワークでは $L \sim \log N$ であると想定するのがスモールワールド仮説である (L は平均ノード間距離)．

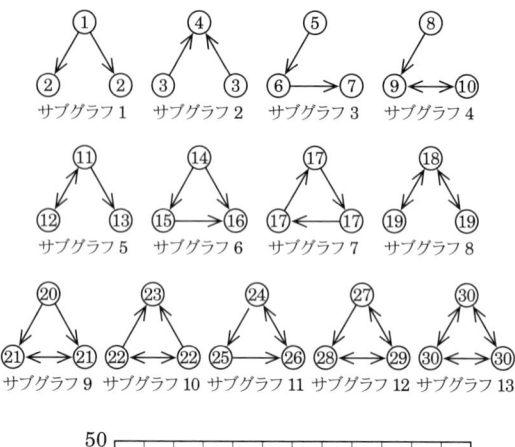

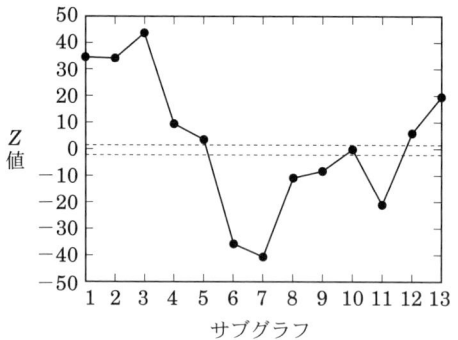

図 5.5　ネットワークの基本構造である 3 体モチーフの種類 (上) と企業間取引関係ネットワークでのモチーフの構成比率と Z 値を求めたもの (下). 企業間取引関係ネットワークはノードが企業，企業間リンクの有無が取引の有無を表すネットワークと定義される (出典：T. Ohnishi , H. Takayasu, M. Takayasu, "Network motifs in an inter-firm network", *J Econ Interact Coord*, **5**, 171-180 (2010)).

ネットワークモチーフ

　ネットワークモチーフとは，隣接ノード同士の繋がり方の基本となるパターンのことである．モチーフ解析では特に 3 体のノードの繋がり方が注目され，その出現頻度について定量的に統計分析を行う [30]．

　複雑ネットワークの中で，隣接する三つのノードがなす繋がりのパターンは図 5.5 (上) の 13 種類である．ネットワーク内のすべての隣接する 3 体がどのパターンを成しているか調べ，数え上げられた各モチーフパターンの頻度を，同程度のネットワークと比較する．観測されたパターンの偏りが同様の頻度で

出現するものか，それともそのネットワークに特有なパターンなのかを定量的に評価する必要がある．

比較は，次節で紹介するネットワークのランダマイズを用いて行う．ネットワークをランダマイズすることで，データから得られたネットワークと次数分布が同じネットワークをシミュレーションによって作成する．このようにして得られるネットワークを N 個用意して，j 個目のサンプルネットワークにおけるモチーフ i (添え字は図 5.5 の中のサブグラフ番号) の頻度 $m_{i;j}$ を計算する．サンプルネットワーク N 個のモチーフ i の出現頻度の平均 μ_i と標準偏差 σ を次のように定義する．

$$\mu_i = \frac{1}{N} \sum_{j=1}^{N} m_{i;j}, \\ \sigma_i^2 = \frac{1}{N} \sum_{j=1}^{N} (m_{i;j} - \mu_i)^2 \tag{5.12}$$

元のネットワークにおけるモチーフ i の出現頻度 x_i として，標準化されたモチーフ i の出現頻度 z_i を次のように定める．

$$z_i = \frac{x_i - \mu_i}{\sigma_i} \tag{5.13}$$

Z 値が正で大きいパターンほど，そのネットワークにおいて有意に頻出するといえる．すなわちそのネットワークの特徴的なモチーフと考えられる．逆に Z 値が負で絶対値の大きいパターンは，有意に出現しないといえる．企業間ネットワークにおいては，図 5.5 (上) に示すモチーフのうち，3 番がランダムグラフに比べ有意に多く，逆に 6 番や 7 番は有意に少ない [31]．

四つのノード，五つのノードのモチーフは大規模になり解析が困難である．一方で，無向ネットワークの場合は，有向ネットワークの場合と比較してモチーフの種類が少ないので多体の解析が行える．

演 習 問 題

これらの解析結果は，Cytoscape や igraph などのソフトでも知ることができる．なお，演習問題で必要となるデータ，解答や追加の情報などは，本書の Web

サイト (http://www.smp.dis.titech.ac.jp/book_bigdata.html) を参照.

問題 5.3.1 ネットワークの特徴量 1
(1) 与えられたネットワークにおける次数累積分布および隣接次数累積分布を作れ (有向ネットワークとして扱うこと).
(2) 次数相関性を二つの手法で確認せよ (次数 $k_i = k_i^{(in)} + k_i^{(out)}$ として無向として扱う).

問題 5.3.2 ネットワークの特徴量 2
5.1 節の演習問題で作った (無向) 単語共起ネットワークの解析.
(1) 単語共起ネットワークにおける次数累積分布および隣接次数累積分布を作れ.
(2) 次数相関性を二つの手法で確認せよ.

5.4 ネットワークの生成と操作

　昨今では，計算機の性能が向上し，大規模データの蓄積とその利用が可能になり，これまで確率論等の理論でしか扱われなかった複雑ネットワークがさまざまな現象と絡めて実証的に研究されるようになってきた．例としては，インターネットのリンク [32,34] や単語の共起関係，タンパク質の反応ネットワーク [33]，論文の共著関係・引用関係 [34]，空港のネットワーク [35] など，自然界から社会のものまでさまざまな分野のネットワークが横断的に調べられている．

　さまざまな複雑ネットワークに共通して挙げられる特徴として，スケールフリー性というものがある．次数分布がべき分布になるという特性だが，このようなスケールフリー性がなぜ生じるのかということに関して，大きな注目が集まっている．最初にこのスケールフリー性を生み出すモデルを提案したのは，バラバシ (A.-L. Barabási) とアルバート (R. Albert) であり，そのモデルは BA モデルと呼ばれる [32]．BA モデルによって複雑ネットワークの分野に多くの物理学者が参入してきたが，それまでにも理論上で多くのネットワークが考えられていた．おもに次数分布の形状から特徴づけられるネットワークとして，ランダムネットワーク，レギュラーネットワークなどがある．また，実

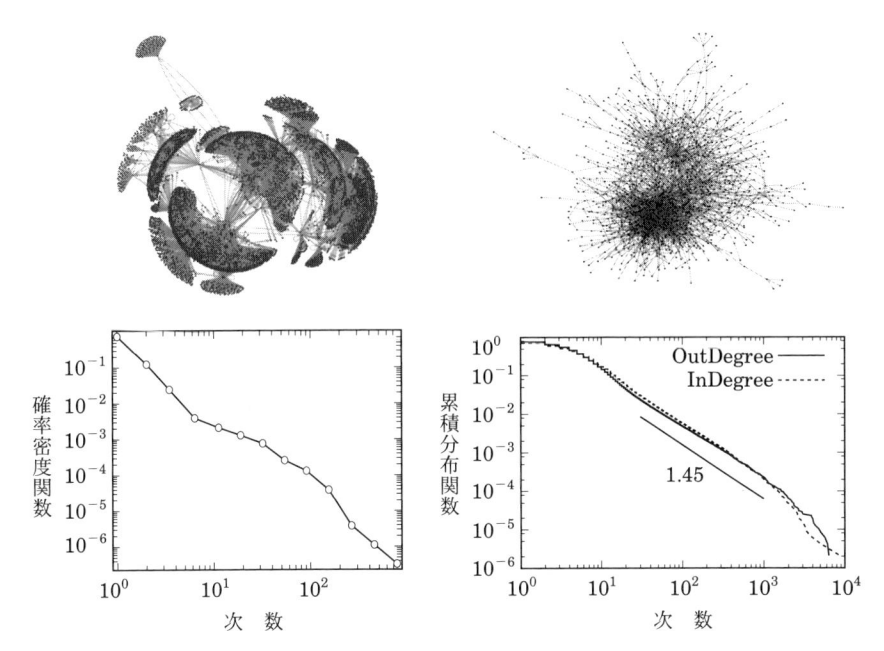

図 5.6　スケールフリーネットワークの例. 東工大高安研究室の Web サイトのリンク関係と次数分布 (左). 企業間ネットワークと次数分布 (右) (引用: K. Tamura, W. Miura, H. Takayasu, S. Kitajima, H. Goto, and M. Takayasu, "Estimation of flux between interacting nodes on huge inter-firm networks", *Int. J. Mod. Phys. Conf. Ser.*, **16**, 93-104 (2012)).

ネットワークの特徴を再現した改良 BA モデル [37,38] や三浦–高安–高安モデル [36] などがある.

ここでは，シミュレーションで用いるためのネットワークを生成することに注目する. まずは，簡単なランダムモデルから始め，次に，与えられた任意の次数分布を持つネットワークの生成法として強力なコンフィギュレーションモデルを学ぶ. 最後に，現実のスケールフリー性を持つネットワークに近づけるために，スケールフリー性を生むネットワーク生成法をいくつか紹介する.

5.4.1　ネットワークの生成モデル

複雑ネットワークを計算機上で生成するためには，任意の次数分布を指定してネットワークを生成できるコンフィギュレーションモデルを実装すればよい. しかし，コンフィギュレーションモデルの生成過程は，ダイナミクスに基づく

ものではなく応用しにくい．ある素過程を基にして複雑ネットワークを生成するという視点が重要であるため，いくつかの簡単な理論モデルから紹介する．

ランダムネットワーク

ランダムネットワークは最も単純なネットワークである．エルデシュ-レイニーランダムネットワーク (Erdös-Réyni モデル) ともいわれる [39]．生成過程としては次の通りである．

(1) ノード数 N を決める．
(2) ノードの組 i,j に対して，確率 p でリンクを張る．
(3) すべての $_NC_2$ 通りのノードの組に対して，同様に確率 p でリンクを張る．

有向ネットワークを生成したいときは組 i,j と組 j,i を異なるものとして扱えばよい．一つのノードは自分以外の $N-1$ 個のノードとの間に確率 p でリンクを持つから，ノードが次数 k となる確率 $P(k)$ は，二項分布で表される．

$$P(k) = {}_{N-1}C_k p^k (1-p)^{N-1-k} \tag{5.14}$$

この $P(k)$ は次数分布となる．最低次数は 0, 最高次数は $N-1$, 平均次数は $p(N-1)$ の分布である．次数 0 のノードが存在してしまうことや全体が一つのネットワークとなっている連結性 (あるいは強連結性 (p.192)) という性質が，この生成法では保証されないという欠点がある．

二項分布の特徴として，平均 $p(N-1)$ を固定してノード数を無限に近づけるとポアソン分布に近づくことが知られている (ポアソンの極限定理)．一方で，平均を大きくしていくと，分布は平均 Np, 分散 $Np(1-p)$ の正規分布で近似できることが知られている (ド・モアブル–ラプラスの極限定理)．このように二項分布は特定の条件下でさまざまな分布に漸近していくことから，理論解析ではランダムネットワークを中心に長い間研究が進められていた．

レギュラーネットワーク

レギュラーネットワークは非常に対称性の良いネットワークである．すべてのノードは同じ偶数次数 $2k$ を持ち，ノードに一切の不平等性がない接続関係をとる．生成は簡単で，N 個のノードを用意し，ノード i からノード $i-k, i-k+1, \cdots, i-1, i+1, \cdots, i+k-1, i+k$ に接続することで生成される．k を 1 にす

るとリング状の1次元の周期境界のネットワークになり，$N/2$[7)]とすると，すべてのノードが直接つながった完全ネットワークになる．

レギュラーネットワークを生成するためのプログラムは次のようになる．

```
int N;//全ノード数
int R;//偶数次数
int i,j;
    for(i=1;i<N+1;i++){
        for(j=1;j<R+1;j++){
            if(i+j<=N){
            printf("%d %d\n",i,(i+j));
            printf("%d %d\n",(i+j),i);
            }else{
            printf("%d %d\n",i,i+j-N);
            printf("%d %d\n",i+j-N,i);
            } } }
```

後述するランダマイズをすることでレギュラーランダムネットワークを生成することができる．これは，ワッツ・ストロガッツモデルとして，現実のネットワークにおけるスモールワールド性と高いクラスタ性を実現するネットワークの構成法を考える際に用いられた [40]．

コンフィギュレーションモデル

与えられた任意の次数列を再現する次数独立なネットワークを構成する方法にコンフィギュレーションモデルがある．基本的にはどのような次数分布のネットワークも，その分布に従う乱数を発生させることができれば作成できる．無向ネットワークにおいて考えられている手法だが，有向ネットワークでも次数分布が"荒く"なるが生成できる．

(1) ネットワークを構成するノード数 N を決める．
(2) 生成したい次数分布に従う整数乱数を N 個生成し，各ノードに次数として割り振る．

[7)]正確には N が奇数なら $(N-1)/2$, 偶数なら $(N/2)+1$.

(3) 各ノードの結合済リンクと未結合リンクをカウントして，未結合リンク次数 k^{rem} が最大のノード i を選ぶ (初回はすべてのリンクが未結合リンクとなる).

(4) 選んだノード以外のなかから未結合リンク次数に比例した確率 $P(j) = k_j^{rem}/\sum_t k_t^{rem}$ で結合先 j を選んでくる (このとき，重複リンクの判定をする).

(5) i と j にリンクを張り，k_i^{rem} と k_j^{rem} をそれぞれ 1 減らし，対応するリンクを結合済リンクとする．

(6) すべてのノードの未結合リンク次数が 0 となるまで上を繰り返す．

以上の過程で任意の次数分布を生成できる．次数分布の平均次数や高次のモーメントなどは乱数生成の際に自由に指定できることになる．また，有向でリンクを張りたいときは，確率 1/2 で向きを決めればよい．これによって，指定した次数分布の形はわずかに崩れてしまうが，有向ネットワークでもおおまかには生成できる．

コンフィギュレーションモデルで生成された複雑ネットワークは，連結性は保障されておらず，次数相関性も非自明である．重複リンクを調べることで計算時間がかさんだり，生成に失敗し，未結合リンクが残ってしまうこともある．

[コンフィギュレーションモデル]

```
    int deg[i]; //整数乱数をノードiに次数として割り振る
    for (i=1;i<=N;i++) {
        k_s += deg[i];// 次数和は偶数になるよう調整
        rem[i] = deg[i];// 残り次数の計算
    }
    t_max = k_s*100;// 最大反復回数の設定 //
    while ((k_s > 0) && (t < t_max)) {
        k_M = 0;
        l = max(rem);// 3の操作 //
        ri = (k_s-rem[l])*dsfmt_genrand_close_open(&dsfmt);
        r = target(ri,rem,l);// 4の操作 //
```

```
        //l, rの組がリンクをはる候補となった//
        // 枝の重複を調べる //
        mult = 0;
        for(i=0;i<Line;i++){
            if ((List[2*i]==l) && (List[2*i+1]==r)){
                mult = 1;
            }   }
        // 5の操作 //
        if (mult == 0) {
            List[2*M]=l; List[2*M+1]=r;
            rem[l] -= 1; rem[r] -= 1;
            k_s-=2; M++;
        }
        t++;     }//while
    if (t < t_max){
        for(i=0;i<Line;i++){
            printf("%d %d\n",List[2*i], List[2*i+1]);
        } }
```

反復回数以内で未結合リンクをすべて結合できれば成功，そうでなければ生成失敗となる．ここで，deg[i], rem[i] は N の要素数をもつ整数型配列である．max 関数は引数の配列のなかで最大の値を持つ要素番号を返す．target 関数は未結合リンクの次数に比例して，相手先を決めるための関数である．それぞれの関数の内容は次の通りである．

[max 関数の中身]

```
int max(int temp[N]){
    int i,node,max=0;
    for (i=1;i<=N;i++) {
        if (temp[i] >= max) {
```

```
            max = temp[i];
            node = i;
        } }
    return(node);}
```

[target 関数の中身]

```
int target(int threshold, int temp[N],int source){
    int i,sum=0,flag,r;
    for (i=1;i<=N;i++) {
        if(i!=source){
            sum+=rem[i];
            if(sum>threshold && flag==0){
                r=i;
                flag=1;
            } } }
    return(r);}
```

target 関数は，未結合リンクの次数を足し合わせていって，乱数で選んだ閾値を超えたときの要素番号を返す．この方法で，ある量に比例した確率で，要素を選び出す操作をしている．

バラバシ–アルバート モデル

バラバシ (A.-L. Barabási) とアルバート (R. Albert) らは Web サイトのリンク関係のネットワークが，べき指数 2 の次数分布を持つことに注目し，スケールフリー性が発現するネットワークの成長モデルを提唱した [32]．彼らはネットワークのもつ統計的性質を，その素過程から説明するという点で，複雑ネットワークの分野に物理学的な視点を持ち込んだことが高く評価された．彼らの提唱したモデルは BA モデル (Barabási-Albert モデル) と呼ばれ，優先的接続仮説という概念を導入している．

優先的接続仮説とは次数 k の大きなノードほど，新たにリンクを獲得する確率が高いという仮説であり，BA モデルにおいてはその確率は次数 k に線形比

例するとしている．リンクの向きは考えないこととして，簡単にそのアルゴリズムを説明する．

(1) ノード数 m_0 個の完全ネットワークを用意する．
(2) $m(\leqq m_0)$ 本のリンクを持つノードを，ネットワークに 1 つずつ追加する．その際に，ノード i に接続する確率 $\Pi(i)$ を，$\Pi(i) = k_i / \sum_j k_j$ とする．
(3) 目的のノード数になるまでステップ (2) を続ける．

アルゴリズムとしては，これだけの簡単なモデルである．このモデルから累積次数分布のべき指数が 2 のネットワークが生成される．この結果は，Web サイトは被リンク数に比例して新しいリンクを得ているという過程の積み重ねが，べき指数 2 のスケールフリー性の起源であることを示唆している．

[バラバシ–アルバート モデル]

```
//適当なネットワークを与える
for(i=1;i<M;i++){
    List[2*i]=i;
    List[2*i+1]=i+1;
}
List[2*M]=M;
List[2*M+1]=1;
//優先的接続
for(i=M+1;i<=N;i++){
    sum=0;
    for(j=1;j<=i;j++){
    sum+=deg[j];
    }
    ri=sum*dsfmt_genrand_close_open(&dsfmt1);
    sum=0;
    for (j=1;j<=i;j++) {
            sum+=deg[i];
            if(sum>ri && flag==0){
```

```
                r=i;//接続先を選ぶ
                flag=1;
        } }
    ///更新処理
    List[2*i]=i;
    List[2*i+1]=r;
    deg[i]+=1;
    deg[r]+=1;
}
```

始めに M 個のノードで構成する適当なネットワークを与えた.ここで,degは生成するノード数 N の要素数をもつ整数型配列である.優先的接続はコンフィギュレーションモデルで用いたtarget関数とほぼ同様のものである.ここでは,新規ノードは 1 本のリンクを持って参入してくるため,生成されるネットワークはツリー状[8])のものとなる.複数のリンクを持って参入してくる場合はリンクごとに重複をチェックして優先的接続を行う.

このBAモデルが持つ特徴は,複雑ネットワークの理論において盛んに調べられている.たとえば,大きな特徴であるべき指数は次数分布 $P(k)$ に対するマスター方程式から得ることができる.

$$N_k(t+1) = N_k(t) + mN_{k-1}(t)\frac{k-1}{\sum k_i} - mN_k(t)\frac{k}{\sum k_i} \tag{5.15}$$

ここで,次の時間における次数 k を持つノードの個数 $N_k(t+1)$ は,次数 k 以外にリンクがつくときは変わらず,次数 $k-1$ のノードがリンクを得るとき増えて,次数 k のノードがリンクを得るとき減る,の三つで表される.

次に特徴的なのは,線形比例する優先的接続を導入することで次数 k_i を持つノードは,ノード i が追加された時刻 t_i 以降,次のように次数が変化することである.

$$\frac{\partial k_i(t)}{\partial t} = m\Pi(i)$$

---

[8])ループやサイクルを持たず,あるノードから枝分かれして伸びているようなネットワーク.リンク数 L,ノード数 N に対して,$N=L+1$ が成り立っている.

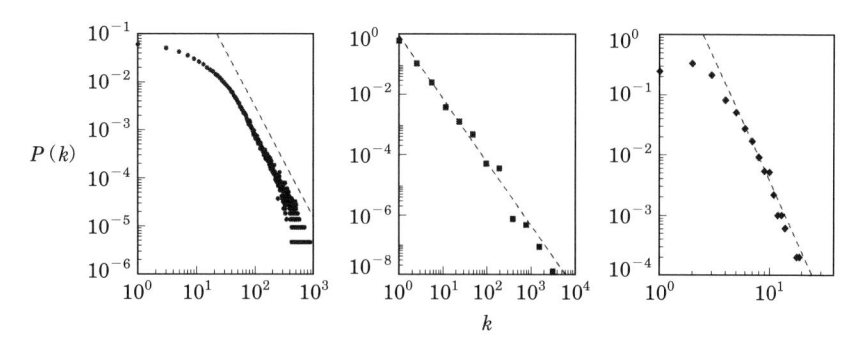

図 5.7　バラバシ–アルバートモデルにより生成したネットワークの次数分布はべき指数 2 となる (左). 一方で, 優先的接続を仮定しない等確率での既知ノードへの接続では, 次数分布は指数分布となる (中). また, バラバシ–アルバートモデルではノードは時間に対して 1/2 乗のべき関数に従って, 次数を増やしていく (出典：A.-L. Barabási, Réka Albert, "Emergence of Scaling in Random Networks", *Science*, **286**, 509 (1999)).

$$= \frac{mk_i(t)}{\sum_{j=1}^{m_0+t} k_j(t)}$$

$$= \frac{mk_i(t)}{m_0(m_0-1)+2mt} \tag{5.16}$$

この方程式から, 次数は時間に対してべき乗で増えていくことが分かる.

$$k_i(t) \sim t^{\frac{1}{2}} \tag{5.17}$$

この次数のべき発展は, べき分布の指数と密接にかかわっており, 線形比例する優先的接続を導入することと成長の過程が累積次数分布のべき指数が 2 になるネットワークを構成することの要因となっている.

次数分布のべき指数が 2 とは異なる値をとるネットワークを構成するには拡張が必要である. しかしながら, $\Pi(k) \sim k^\alpha$ のようなべきの重みを付けると次数分布が指数分布 ($\alpha<1$) になったり, 凝集ノードが存在 ($\alpha>1$) してしまいべき指数を操作できないことが知られている. べき指数を拡張するには $\Pi(k) \sim (k+A)$ と優先的接続確率を変更することで, べき指数を $\gamma=2+A/m$ と操作できる [37]. このほかにもさまざまな BA モデルの拡張モデルが提唱されている.

□ **DMS モデル** [37]：べき指数の拡張

生成されるネットワークの次数分布のべき指数を拡張した．優先的接続確率を $\Pi(k) \sim (k+A)$ とすることで，べき指数を $\gamma = 2 + A/m$ と操作できる．

□ **HK モデル** [38]：クラスタ性の拡張

BA モデルのクラスタ性の低さを改善した．新しいノードの 1 本目のリンクは優先的接続で接続先を決める．2 本目以降は確率 p で 1 本目の接続先の隣接ノードに接続する．確率 $1-p$ で優先的接続で決める．3 本目以降も同じようにして決める．

三浦–高安–高安モデル

三浦–高安–高安モデルは企業間取引ネットワークのもつ統計的性質を説明するために物理学の視点で構築されたモデルである [36]．

企業間取引ネットワークとは，企業の取引関係をネットワーク化したものであり，ノードが企業，リンクの有無が取引関係の有無を表す．企業間ネットワークの次数分布はべき指数 1.3 のべき分布 (図 5.8 (左上)) となりスケールフリー性をもち，企業の年齢分布が近似的に指数分布になる．また，年齢に対する次数の時間発展も指数関数で増大することが知られている．

三浦–高安–高安らは BA モデルが成長モデルであり，企業が倒産したり急成長する企業間のネットワークを表すことができないことに注目した．

データを調べ，企業は線形比例の優先的接続をもって，新規参入してくることが確認された (図 5.8 (右上))．これは優先的接続が実際のデータで，きれいに観測された貴重な例でもある．また企業の年齢分布は指数分布になっていることから，企業の倒産は統計的にみてランダム (つまり，ポアソン過程に従う) に発生することが言える (図 5.8 (左下))．さらに，次数はノードの年齢とともに指数成長する傾向がある (図 5.8 (右下))．企業間ネットワークにおける取引数 (= 次数) の成長は，べき関数で成長する BA モデルより急激な成長をしていることになる．三浦–高安–高安はこれらのことを企業間取引ネットワークに固有な次の三つの素過程から説明した．

企業間ネットワークでは上の素過程が確率 $p, q, r = 1-p-q$ で起こるものとして，ネットワークを発展させていく．

(1) まず，ノード数 m_0 個の適当なネットワークを用意する．

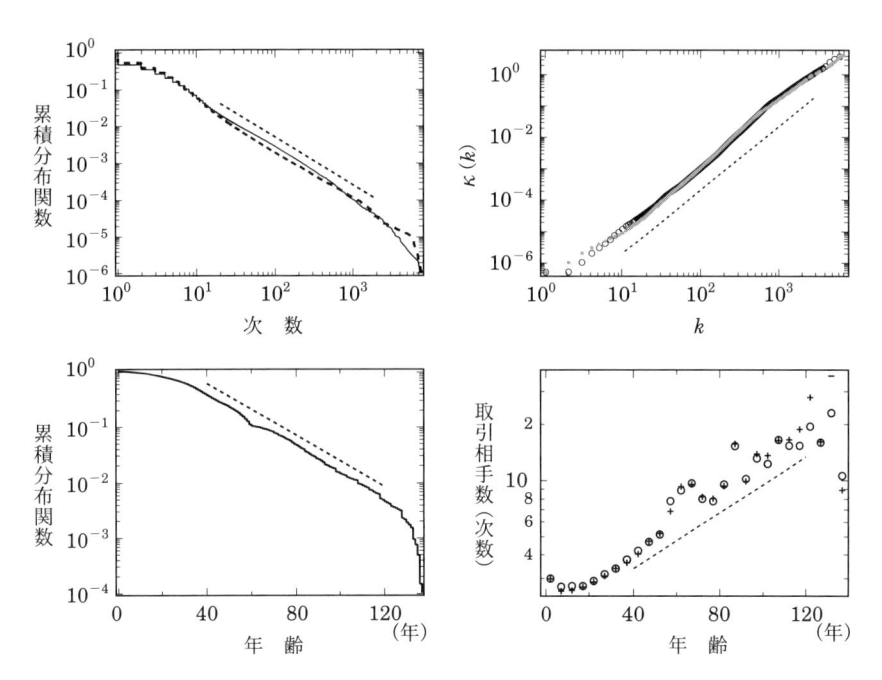

図 5.8　企業間取引関係ネットワークの特徴．企業間ネットワークのべき指数 1.3 の次数累積分布 (左上)．優先的接続仮説と同じ接続確率で新規参入した企業が取引関係を構築する．累積確率 $\kappa(k)$ は BA モデルの優先的接続仮説と傾きが 1 ずれる (右上)．企業の年齢の分布が指数分布に従う (左下)．また，企業の成長は BA モデルよりも急速であり，取引相手数 (次数) は時間に対して指数関数的に増えていく (右下) (出典：W. Miura, H. Takayasu, M. Takayasu, "Effect of Coagulation of Nodes in an Evolving Complex Network", *PRL*, **108**, 168701 (2012))．

(2) 次の三つの素過程を確率 p,q,r で起こす．

- 倒産 (確率 p)：ネットワーク内からランダムに一つノードを選んで付随するリンクとともに除去する．
- 新規参入 (確率 q)：入次数 1, 出次数 1 を持ったノードを，入次数と出次数についてリンク数に比例する優先的接続確率で既存ノードに接続する．
- 合併 (確率 r)：ノードをランダムに選んで消し，リンクは優先的接続で選んだノードにすべて付け替える．リンクが重複する場合はまとめる．

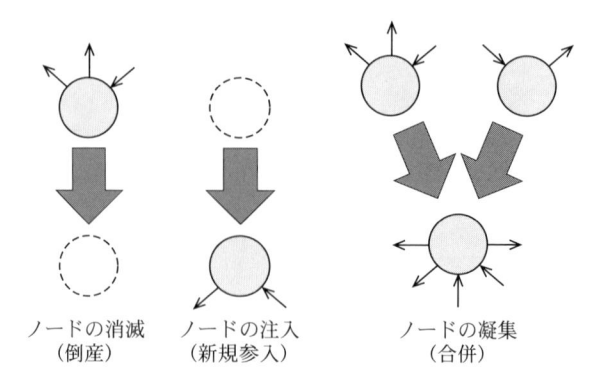

図 **5.9** 三浦–高安–高安によりモデル化された企業間取引関係ネットワークの時間発展の素過程．左から倒産，新規参入，合併となる．

(3) $p+r=0.5, q=0.5$ の条件下で，ノード数を定常的に推移させることができる．十分な時間が経過した後，設定した p,q,r の値によるネットワークを生成することができる．

また，実際の年齢分布とシミュレーションを比較することで 1 年と数値シミュレーションの回数を対応付けることもできる．

この素過程をもとにすると，三浦–高安–高安モデルのマスター方程式は次のようになる．

$$\begin{aligned}
&P(k,t+1)-P(k,t)\\
&=a\left[\frac{k+1}{N}P(k+1,t)-\left(\frac{k}{N}+\frac{1}{N}\right)P(k,t)\right]\\
&\quad+b\left[\frac{(k-1)+1}{\sum_j(k_j+1)}P(k-1,t)-\frac{k+1}{\sum_j(k_j+1)}P(k,t)+\frac{\delta_{k,1}}{N}\right]\\
&\quad+c\left[\sum_{k'=0}^{k}P(k-k',t)\frac{2k'+1}{\sum_j(2k_j+1)}P(k',t)-\sum_{k'=0}^{\infty}P(k,t)\frac{2k'+1}{\sum_j(2k_j+1)}P(k',t)\right.\\
&\quad\left.-\sum_{k'=0}^{\infty}P(k',t)\frac{2k+1}{\sum_j(2k_j+1)}P(k,t)\right] \quad (5.18)
\end{aligned}$$

このマスター方程式は，新規参入と合併のみが起こる ($q=r=0.5$) 場合，コロイドやエアロゾルなどの不可逆な凝集過程を表すのに用いられる，平均場近似の方程式となる．複雑ネットワーク上でのノードの結合を，コロイドやエア

ロゾルと同じような凝集現象として捉えることができるのを示唆したと同時に，企業間のシステムの成長で観測された点が興味深い．

このモデルがこれまでのネットワーク生成モデルと異なる点は，現象を説明する点に重きが置かれ，観測された企業間のミクロな性質とマクロな性質を結びつけて説明したことである．これまでのネットワークモデルはマクロな性質はデータから観測されたものでも，素過程はデータに基づいたものではなかった．三浦–高安–高安モデルは，企業間ネットワークの素過程である新規参入・倒産・合併に注目しデータからこれらがどのように起きているかを定量的に調べ，さらに統計物理学の手法によってネットワークのマクロな性質と結びつけた点が重要である．

このような具体的な素過程を持つモデルを構成すれば，企業間取引ネットワークのリスク推定などのシミュレーションができる．複雑ネットワークは具体的な解析が注目されることが多いが，時系列同様にモデル化を試みることで，多くの知見を得られるのである．

R でのネットワーク生成

R の igraph では，ネットワーク生成に関する関数がいくつか用意されている．

R によるランダムネットワーク

ノード数 (第1引数) とリンクを張る確率 (第2引数) を指定する．

```
g<-erdos.renyi.game(1000,1/1000)
```

R によるバラバシ–アルバートモデル

ノード数を第1引数に指定する．

```
g<-barabasi.game(10000)
```

他にも，Graph Generators としてさまざまな関数が用意されている．オプションも細かく設定でき，ネットワークを生成するだけであれば十分である．

5.4.2 ネットワークの操作

ネットワークの性質を正しく把握するためには次のことが必要である．

- ネットワークで本質的であるノードの集団に注目する
- 類似のネットワークと比較する

上では，ネットワーク全体を見てネットワークを特徴づけてきた．しかし，時系列や他のデータと同様，ネットワークも多くのノイズや解析に本質的でない部分が存在する．これに関連して，連結性という概念をここで紹介する．

連結性・強連結性

これまでの議論ではネットワークが一つの大きな塊であることを仮定して解析を行っていた．しかし，本来であれば，解析の始めに複雑ネットワークが一つの塊であるかどうかを確認しなければならない．一つの塊とは数学的には連結という表現で表され，連結なネットワークとは，ネットワーク上の任意の2ノード間にリンクによる経路が存在することである．逆に，連結でないネットワークとは，あるノードからリンクをどのようにたどって行っても，たどりつけないノードがあるネットワークのことである．有向ネットワークの場合は，リンクの向きも考慮して経路の有無を考えるため，さらに複雑になる．このため，無向ネットワークでは連結と表現されるのに対して，有向ネットワークでは強連結と表現される．

極端な場合を考えてみよう．まったく関係のない複雑ネットワークが二つあるとする．この二つのネットワークが，一つの大規模な隣接リストや隣接行列で表されていたとすると，一見しただけでは，分離したネットワークであると判断することは容易ではない．仮に，次数分布も次数相関も異なる二つのネットワークであったとして，あたかも一つのネットワークのように全体の尺度である次数分布，クラスタ係数や次数相関を求める場合には注意を要する．前節で生成したネットワークも，ネットワーク全体として連結性は保障されていない．ただ，同じ生成則に従って全体を生成したため，部分もそれほど性質を変えないだろうとの予測はできる．しかし，現実のネットワークは必ずしも全体と部分が同質であるとは限らない．また，ノードは連結成分 (強連結成分) 内の他のノードからしか影響を受けないのであるから，連結成分ごとに現象は独立していると考えられるので，現象をモデリングするときも注意が必要である．

このような問題を解決するために，複雑ネットワークを連結性に基づいて整理する必要がある．データから直接定義される生のネットワークから連結性

(あるいは強連結性) が保たれる部分だけを抜き出してくるのである．特に，連結性が保たれている中でも最大のノードの集団 (＝クラスタ) を最大連結成分 (最大強連結成分) と呼ぶ．この最大連結成分 (最大強連結成分) がネットワークで本質的な役割を担うノードの集団であるとみなして，解析を進めるのが望ましい．しかし，最大連結成分 (最大強連結成分) を，与えられたネットワークから抽出することは，アルゴリズムの難度がやや高いので，5.7 節「グラフの探索」として独立に説明を設けた．ここでは，連結性という概念を知り，連結性が解析の結果にどのように影響してくるかを説明する．

次に，ネットワークの本質をなすノードの集団に注目してある解析結果が得られた場合，そのネットワーク特有の性質であるかどうかを判断する必要がある．これを確認するためには，与えられたネットワークにできるだけ似ているランダムなネットワークと比較することが重要である．紹介するネットワークのリンクの張り替えは，データから得られたネットワークと同質のネットワークの生成が困難なときに必要となってくる．

ランダマイズ (リンクの張り替え)

上では，次数分布という点で類似したネットワークを生成することができるようになった．しかし，現実のネットワークは次数分布だけから特徴づけられるような単純なものではなく，先に紹介した次数相関など多くの特性を持っている．このため，前述の生成モデルで得られたネットワークだけでは不十分であることが多い．

ここで紹介するネットワークのランダマイズ は，複雑ネットワークの持つ次数分布を保存しながら，データから得られたネットワークと類似したネットワークを得るときに必要となってくる．また，ランダマイズで次数相関を排除して，平均場近似と呼ばれる理論的な近似手法の妥当性を評価するために用いることもできる．

与えられた複雑ネットワークのリストに対して，次の操作を行うことでランダマイズすることができる．

(1) 総数 L 行のリストから，第 i 行と第 j 行をランダムで選んでくる．
(2) i 行右と j 行右のノード番号を入れ替える (セルフループ，多重リンクができないようにする)．

(3) 十分な回数これを繰り返す．

単純な操作だが，この操作で次数相関を除去することができる．適切な繰り返しの数を決めることはできないが，リンク数 L に対して，$100 \times L$ 回ほど行えば十分だと考えられている．

演 習 問 題

演習問題で必要となるデータ，解答や追加の情報などは，本書の Web サイト (http://www.smp.dis.titech.ac.jp/book_bigdata.html) を参照．

問題 5.4.1 ランダムネットワークの生成

ノード数 N を適当に設定し，ランダムネットワークのリストを出力するプログラムを作成せよ．作成したネットワークに対して，次数分布を観測せよ．条件によって，次数分布がポアソン分布や正規分布に近似できることを確認せよ．

問題 5.4.2 レギュラーネットワークの生成

ノード数 N と次数 $2k$ を指定して，レギュラーネットワークのリストを出力するプログラムを作成せよ．また，ランダマイズして，レギュラーランダムネットワークを作成せよ．本文中のサンプルプログラムを参考にせよ．

問題 5.4.3 正方格子ネットワークの生成

ノード数 N を指定すると，N^d 個のノードを持つ d 次元の周期境界正方格子ネットワークを生成するプログラムを作成せよ．

問題 5.4.4 BA モデルでのネットワークの生成

(1) BA モデルを $m_0 = 1$ として実装する．
(2) 作成した BA モデルからノード数 $N = 1000$ のネットワークを作り，その次数分布を表示する．
(3) m_0 を適当に変化させて，次数分布が変化するか確認する．

生成したネットワークを可視化せよ．自己ループや重複リンクの有無を確認し

て，ネットワークの特徴をよく表すことができるレイアウトを見つけよ．

問題 5.4.5 ランダマイズによる次数相関性の変化

問題 5.3.1 で次数相関性を確認したネットワークを，リンク数 ×100 回ランダマイズすることで次数相関がどのように変わるか調べよ．また，ランダマイズの回数によって次数相関性はどのように変化するか調べよ．

5.5 ノードの指標と順位付け

ネットワーク解析において，これまでに我々はネットワークがどのようなものであるかに重きを置いて調べてきた．たとえば，次数分布がべき分布になることや正や負の次数相関を見ることは，「ネットワークがどのようなものか」を見ているだけであり，個々のノードには注目していない．しかし，実際の問題として，これらがただどのようなネットワークであるかがわかったところで，得られる意味はそれほど大きくない．実世界には，通信網や送電網，交通網，神経回路網などの物理的接続，人間関係や企業間取引・食物連鎖などの社会的・認知的接続のような数多くのネットワークが存在する．「○○の尺度であれば，どのノードが一番中心的な役割を果たしているか」に興味が向くのは自然なことであり，社会的にも重要である．また，複雑な関係性や相互作用を単純化することで，さまざまな分析が可能になる利点もある．

本節で紹介するページランクと HITS は，ノードの特徴づけ，特に「有力ノードの特定と順位付け」を行う手法として用いられている．また，ページランクは熱拡散と物理的に同等であり，物理現象としても意味づけができる．複雑ネットワークの構造上に拡張された場合の輸送現象として広く問題を一般化したという功績もある．今回は，ランキング解析の手法の中で，中心性という概念を学び，ネットワークで中心的な役割をなすノードを抽出する方法であるページランクと HITS を実装し，その意味を理解する．

5.5.1 ネットワークの中心性

ネットワークの中心性とは，ネットワークにおけるノードやリンクの重要性を表す指標である．その研究の歴史は古く，40 年も前にすでにページランクと同じ発想の中心性評価の尺度が生まれている．また，この中心性評価の研究は，

計量書誌学,社会科学と情報科学でそれぞれ互いに干渉することなく着々と進められてきたこともあって,その発想や着眼点はさまざまで興味深い.ページランクと HITS の登場で,大規模ネットワークでの有用性が注目され,昨今再び中心性解析が話題を集めている.

アルゴリズムが複雑なものや,大規模ネットワークでの実装が難しいものもあるので,ここでは概念を中心に紹介する.本章で紹介するアルゴリズムを利用すれば,必要な知識はそろうので,余裕があれば実装を試みてほしい.

─── 次数中心性 (Degree Centrality) ───────────────

それぞれのノードがリンクをどれくらい持っているかという点で順位付けを行う,最も単純な順位性指標である.自分以外の $N-1$ 個のノードのうち,いくつとつながっているかという点で評価する.ノード i の次数中心性 $C_D(i)$ は次のように定義される.

$$C_D(i) = \frac{k_i}{N-1} \tag{5.19}$$

上式は,無向ネットワークの場合である.有向ネットワークの場合は,次のように入次数,出次数でそれぞれ評価する.

$$C_D^{(\text{out})}(i) = \frac{k_i^{(\text{out})}}{N-1}, \tag{5.20}$$

$$C_D^{(\text{in})}(i) = \frac{k_i^{(\text{in})}}{N-1} \tag{5.21}$$

これはとても簡単な指標であり,次数を見ているだけである.このため,非自明な中心性が見えることはなく,実際にはほとんど用いられていない.実装方法については,各ノードの次数を求めるだけである.

─── 近接中心性 (Closeness Centrality) ───────────────

他のノードと近い距離でつながっているほど高く評価される.ネットワーク構造のなかでの「中心」に近いノードを探す.アルゴリズム的に $O(N^2)$ の計算量がかかってしまうので,大規模なネットワークで解析することは困難である.また,ノード間距離の長さを求める実装も難しいの

で，ここではアルゴリズムは割愛する．

$$C_C(i) = (L_i)^{-1} = \frac{N-1}{\sum_j d_{ji}} \qquad (5.22)$$

ここで，L_i はノード j からノード i への距離 d_{ji} の全始点における平均値を表す．逆数を持って正規化する．

たとえば，円の中心は円内のどの点に行くにも半径以内の距離の移動で到達できる．円の中心から少し外れたところからでは，ある点への移動には半径以上の移動が必要となってくる．近接中心性では，どの点に行くにも近い点を探すという意味で，ネットワーク上で円の中心にあたる「中心」を求めている．距離を求めるアルゴリズムは 5.7 節で述べる探索アルゴリズム「幅優先探索」を利用する．

— 媒介中心性 (Betweenness Centrality) ——————————

ノード間の最短経路をすべて考えたときに，よく通るノードほど中心的であるという尺度の下での順位付けである．

$$C_B(i) = \frac{1}{(N-1)(N-2)} \sum_{m,n} \frac{m \to n \text{ の最短経路のうち } i \text{ を通る経路の数}}{m \to n \text{ の最短経路の数}} \qquad (5.23)$$

アルゴリズムの実装は，ここでは難しすぎるので扱わない．

ここまでの中心性指標は，30 年から 40 年前のものであり，どれも計算機とは程遠い机上で考えられていた．しかし，1998 年に入ってからどの中心性指標も計算機能力の向上，大規模データの登場によって，社会で脚光を浴びるようになった．その起爆剤となったのが次のページランクである．

— ページランク (PageRank) ————————————————

ネットワーク上をウォーカーがランダムウォークしていく過程を考えたとき，ウォーカーが滞在しやすいノードを高く評価する指標である．有力なノードの近くにいれば，自分も有力であるという指標と解釈できる．

$$PR(i,t+1)=\sum_j \frac{A_{ji}}{k_j^{(\text{out})}}PR(j,t) \tag{5.24}$$

一様な初期値から始めて，行列を作用させる再帰計算で固有ベクトル$PR(i,\infty)$を求める．しかし，この計算式では，連結でない複雑ネットワークで計算できないことが知られている．散逸rと注入Fを入れて，定常状態を作れるように操作する必要がある．

$$PR(i,t+1)=r\sum_j \frac{Aji}{k_j^{(\text{out})}}PR(j,t)+F \tag{5.25}$$

次数中心性では，隣のノードの情報を見ずに，自分のノードの情報のみで評価した．一方で，近接中心，媒介中心では，大規模ネットワークでの中心性の評価ができないのと，有向の場合に評価が難しくなる問題があった．このページランクは，ネットワーク構造を反映し，計算が簡単な中心性指標として注目を浴びた．

ページランクは，Google検索エンジンの基幹技術となっていて，よいWebサイトからリンクされているほどよいWebサイトであるという発想のもとで考案された．また，検索エンジンからの直接的なサイト訪問は，ランダムにサイト間を移動する効果に対応するものとして，r,Fを導入している．

正方格子系でのページランクを考えると線形な拡散方程式と等価であることがわかり，ネットワーク上の熱の輸送と見なせる．つまり「ページランクが高い」とは熱の拡散の結果，熱がたまりやすい「熱いノード」ということになる．このため，ページランクは単なるノードの順位付けの手法としてではなく，物理学での輸送現象としても積極的に研究が進められている．ページランクは，ノードにいるランダムウォーカーが隣接ノードに出リンクを通って等分配されていく過程と解釈される．このように考えると，たどりつけないノードが存在する連結でないネットワークではページランクは正確な値を得られないことが直感的にわかる．これを解決するためには，ランダムウォーカーがワープして任意のノードに到達できればよく，これがr,Fとして導入されているのである．

実装を行うにあたっては隣接行列を用いずに，隣接リストで行う．

--- ページランクの実装 ---

(1) ノード i の出次数 $k_i^{(\text{out})}$ を調べる.
(2) 初期値を一様に $PR(i,t)=1$, $PR(i,t+1)=0$ と決める.
(3) $i \to j$ のリストに対して, $PR(j,t+1) += \dfrac{PR(i,t)}{k_i^{(\text{out})}}$ とする.
(4) すべてのリンクについて上を行う.
(5) $PR(i,t+1) \leftarrow rPR(i,t+1)+F$ として値を更新.
(6) $PR(i,t+1)$ と $PR(i,t)$ を比較して収束した (どのノード i も $PR(i,t+1)$ と $PR(i,t)$ の差が 10^{-6} より小さい) とみなせるなら終了. そうでなければ, 次へ.
(7) $PR(i,t) \leftarrow PR(i,t+1)$, $PR(i,t+1)=0$ として3へもどる.

ちなみに, ページランクと類似の尺度や手法で, ノードを評価する方法は1970年代に発表されていた [41,42]. ここでいくつか指摘されていた実用上の問題点に「改良」を加え, ページランクが誕生した [43]. ページランクは情報学から数学や物理学などの多様な分野に影響を与え, 理学的工学的に大成功を収めた. 次数中心性から始まった中心性指標研究の集大成のようなイメージを受けるが, 平均場理論によるとノード i のページランクの値 $PR(i)$ は $PR(i) \propto k_i^{(\text{in})}$ であることが示され, 実は次数中心性とあまり変わらない. もちろん, 近似による誤差はあるが, ページランクそのものより, これをもとにした応用や拡張研究が注目されている. たとえば, 隣接ノードへのランダムウォーカーの移動にさまざまな条件を付けて拡張したモデルが開発されており, 5.8節で複雑ネットワーク上の輸送現象として詳細に扱う.

--- HITS アルゴリズム ---

HITS アルゴリズムは, 一つのノードを, オーソリティー (Authority) 度とハブ (Hub) 度の2側面から評価する [44]. 高いハブに接続されているほどオーソリティーは高くなり, 高いオーソリティーに接続しているほど高いハブであると評価する. 具体的には, 次のような関係式を再帰的に計算していく. オーソリティーベクトル x とハブベクトル y を考える. このベクトルの各 i 成分が, ノード i のオーソリティー度とハブ度にあたる.

$$x = A^T y \longleftrightarrow x_n = \sum_m A_{mn} y_m,$$
$$y = Ax \longleftrightarrow y_n = \sum_m A_{nm} x_m \tag{5.26}$$

つまり,

$$x = A^T Ax,$$
$$y = AA^T y \tag{5.27}$$

一様初期値から始めて,再帰計算で固有ベクトルを求める.計算していくと発散してしまうため,任意の時間で規格化 $\sum_i x^2(i) = \sum_i y^2(i) = 1$ を行う.隣接行列の転置との積を計算するには,定義に気を付けて行う.非連結なネットワークの場合は,ページランクと同様に散逸 r と注入 F を導入する.

$$x = rA^T Ax + F,$$
$$y = rAA^T y + F \tag{5.28}$$

オーソリティー度とハブ度は,数式の上では直感的に理解しがたいかもしれない.オーソリティーとハブは,就活情報サイトと企業でたとえると,良い企業の就活情報をたくさん提供している就活情報サイトは高いハブ度を持つ.一方で,良い就活情報サイトからたくさん紹介されている企業は高いオーソリ

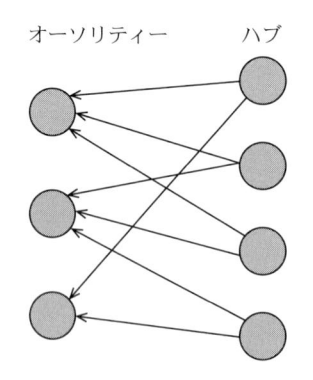

図 **5.10** オーソリティーとハブの概念図.

ティー度を持つ．ページランクでは，これらが同一視して評価されてしまうのに対して，HITS では二つを区別して評価できるという利点がある．

このように，さまざまな側面から中心性が評価されているが，ページランクを発端として特に隣接行列の固有値や固有ベクトルを用いた評価が主流となっている．たとえば，ページランクおよび HITS アルゴリズムの再帰過程で得られる解は，遷移行列の固有値最大の固有ベクトルとなっている (ペロン–フロベニウスの定理)．また，最大固有値を求めるときに，このようにベクトルを再帰的に作用して求める方法をべき乗法という．

演 習 問 題

演習問題で必要となるデータ，解答や追加の情報などは，本書の Web サイト (http://www.smp.dis.titech.ac.jp/book_bigdata.html) を参照．

問題 5.5.1 手計算で計算の流れをつかむ

次の簡単なネットワーク (図 5.11) において，各中心性を手計算で求めよ．ページランクと HITS については 1, 2 ステップの計算だけでよい．

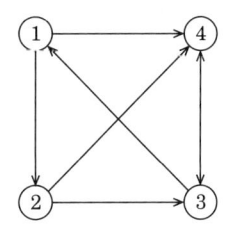

図 5.11　問題 5.5.1 の例図．

問題 5.5.2 ページランクと HITS の実装

ページランクと HITS を実装し，図 5.12 のネットワークにおいてそれぞれ計算せよ．ちなみに，ページランクの値は，順に 1, 5, 2, 3, 4, 7, 6 となる．散逸 r，注入 F や収束条件などで値の違いが起こり得るが，順位は以上のようになる ($r=0.8, F=1$ で行う．一般に $r<1$ が望ましい)．

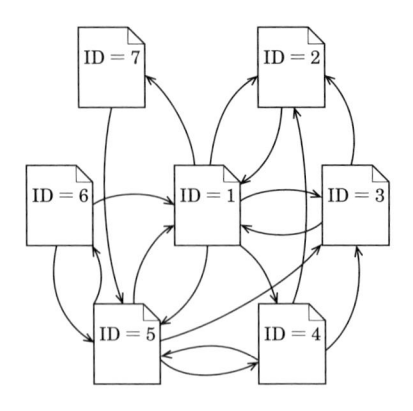

図 5.12　実装後の確認用のネットワーク (出典：S.Brin and L.Page, "The anatomy of a large-scale hypertextual (web) search engine", *Computer Networks and ISDN Systems*, , **30**, 107 (1998)).

5.6　コミュニティ抽出

上で見てきたように，多くの研究は社会的現象を個体同士の相互作用として表現してきた．その中でも，前節における有力ノードの抽出・順位付けは隣接するノードとの関係の中から特定の部位の評価を得ることであった．社会的な意味を持つ複雑ネットワークにおいて，ネットワーク内のノード同士は均等に結びついているのではなく，ある部分同士では密に繋がりあい，それ以外では疎な関係にあるような特徴的な結合構造を持つことがほとんどである．

有力ノードの周囲でも，有力ノードと強く結びつきあっているものの集団とそうでない集団に分かれる．このことからも，我々はネットワークの部分の評価を単独のノードからいくつかのノードの集団に拡張したい．このような目的で，ノードが密接している集団に注目するとき，コミュニティという概念がよく用いられる．コミュニティとは「ある部分ネットワーク内のノード同士が密接に結びついていて，その部分ネットワーク外のノードとは疎な関係である」ようなノードの集合のことをいう．ネットワークがこの性質を持つことを「コミュニティ構造をもつ」という．コミュニティ構造はネットワーク上のダイナミクスに対して重要な役割を果たす．コミュニティ内では，ノード同士が密接につながりあっていることからも，たとえば，噂や感染の伝播速度が速くなるというようなことが想定される．このような性質はネットワークの特徴量で

ある次数,次数相関,クラスタ係数や中心性とは異なる特性である.コミュニティ構造を検出し,抽出することは,ネットワークの特性を分析するうえで重要である.

5.6.1 モジュラリティ

コミュニティを判定する指標の一つとしてモジュラリティという量が,ニューマンらにより提案されている [45]. モジュラリティとは,コミュニティがうまく分割できていることを定量的に評価するための評価関数である.ネットワークを何らかの方法により,内部でリンクが密に結合している部分グラフとその部分グラフ間をつなぐリンクに分割することができたとき,モジュラリティは高い値を示す.このモジュラリティを最大化するような分割方法を探すことがコミュニティ分割の本質となる.

モジュラリティは次のように,与えられたネットワークを仮想的に,あるコミュニティ $c_1, c_2, \cdots, c_m$ に分割したとき,ランダムに接続しているネットワークに対して「コミュニティ内で繋がりあうリンク」がどれほど多いかで評価する.

全リンク数 L に対して,あるコミュニティ c_i, c_j に属するノード間のリンクの割合は,与えられた隣接行列 A に対し,

$$q_{ij} = \sum_{s \in c_i} \sum_{t \in c_j} \frac{A_{st}}{2L} \tag{5.29}$$

で表される.一方で,全リンク数 L に対して,コミュニティ c_i に属するノードが持つリンクの割合は次のように見積もられる.

$$\begin{aligned} r_i &= \sum_{s \in c_i} \frac{k_s^{(\mathrm{in})}}{2L} \\ &= \sum_{s \in c_i} \sum_t \frac{A_{st}}{2L} \\ &= \sum_j \sum_{s \in c_i} \sum_{t \in c_j} \frac{A_{st}}{2L} \\ &= \sum_j q_{ij} \end{aligned} \tag{5.30}$$

ここで $k_s^{(\mathrm{in})}$ はノード s に入ってくるリンクの数を表す.これは,リンクの片

方がコミュニティ c_i に属するノードにつながっている確率である．コミュニティ c_i 内のリンクである確率は両端が独立に決まることを考えて r_i^2 となる．

ここから，モジュラリティ Q は次のように定義される．

$$Q = \sum_i (q_{ii} - r_i^2) \tag{5.31}$$

コミュニティ c_i 内のリンク数割合 q_{ii} とリンクの片方がコミュニティ c_i に属するノードにつながっている確率 r_i の式に沿って，すべてのコミュニティに対して和をとる．つまり，コミュニティ内のリンク密度がランダムと同程度のときはモジュラリティは 0 近傍の値をとることになり，コミュニティの分け方としてふさわしくないことを示唆する．

この Q 値の最大化には，ネットワークの大きさを考えて，計算時間と精度の兼ね合いによりさまざまな手法が開発されている．計算時間が早いのは，貪欲法やニューマン–ギルバン法である．一方で，精度が高いのは焼きなまし法や固有ベクトル法である．

複数ある手法の特徴はそれぞれ次のようになる [46]．計算時間とモジュラリティ Q を最大化するという観点での精度であり，抽出されたコミュニティ構造がリンク密度以外にどのような意味を持ってくるかについてはやってみないとわからない．

ノード数 N, リンク数 L のネットワークに対する手法の特徴

- 貪欲法：疎なネットワークで $O((L+N)N)$，改良された方法により，$O(N(\log N)^2)$ の計算時間でできる．大規模ネットワークでの実装と適度な精度で最もよく扱われる．
- ニューマン–ギルバン法：疎なネットワークで $O(N^3)$ の計算時間が必要となる．媒介中心性を基本としていて，幅優先探索 (5.7 節) の実装が必須である．実装が難しいのと，計算時間がかかるのに対して，精度としてはそれほどの向上が見られないため，あまり使われない．
- 固有ベクトル法：$O(N^2 \log N)$ の計算時間が必要である．大規模ネットワークでの実装には不向きである．隣接行列での行列計算や行列操作をする必要があり，リスト表現とは相性が悪い．
- 焼きなまし法：$O(N^3)$ の計算時間が必要である．これら四つの手法の中では最も精度がよいと言われている．

□ **貪欲法**　ネットワークが大きい場合，取りうるすべてのコミュニティ分割の組み合わせを探索することほぼ不可能である．この場合，上のモジュラリティ関数を最大化するようなコミュニティ分割を見つけるのに，貪欲法が用いられる．貪欲法は，最適解が得られるとは限らないが最も基本的な最適化の手法であり，実装が容易である．

貪欲法でのコミュニティ抽出

ノード数 N, 総リンク数 L のネットワークのリストを用意する．

(1)　N 個のノードが，N 個のコミュニティ $\{c_1, c_2, \cdots, c_N\}$ に属しているとする．

(2)　コミュニティ c_i と c_j を結ぶリンクに注目し，コミュニティ c_j に属するノードを c_i に組み込んだときの Q の変化 ΔQ を計算する．

(3)　すべてのコミュニティ間リンクについて，ΔQ を計算する．

(4)　ΔQ が最大となるコミュニティ c_i と c_j の組を，一つのコミュニティとみなす．

(5)　新しい $N-1$ 個のコミュニティ $\{c_1, c_2, \cdots, c_{N-1}\}$ に対して，2 に戻る．

(6)　Q が最大となったときに，コミュニティ抽出を終える．

複雑ネットワークのコミュニティ抽出における貪欲法は，このように一つ一つコミュニティを組み合わせていって，ΔQ の大きい組を採用していくという手順の繰り返しとなる．局所的な最大化を繰り返していくために，必ずしも Q の大域的な最大化を保証するわけではない．

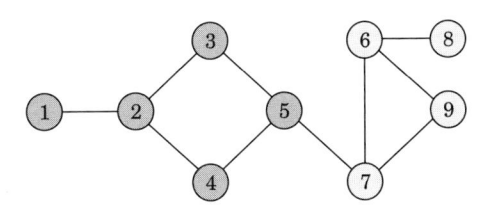

図 5.13　コミュニティ分割の例．このネットワークは，貪欲法に従ってコミュニティ分割すると，$\{1,2,3,4,5\}$ と $\{6,7,8,9\}$ の二つのコミュニティに分割される．このときのモジュラリティ Q は 0.395 となる．

5.6.2 書誌結合と共引用

5.5 節の HITS を計算する際に隣接行列とその転置との積 AA^T と A^TA を用いた．この二つの新しい行列は，それぞれ (重み付き) 隣接行列としてみることができる．特に，前者は書誌結合ネットワーク，後者は共引用ネットワークと呼ばれ，ノード間の関係性の強さを与える指標である結合強度や共引用度が隣接行列の重みで与えられる [47, 48]．

書誌結合ネットワークと結合強度

書誌結合は図 5.14 のように一つの文献が引用している複数の文献間を結びつけたものとなる．文献 A は C と D と E を引用しているため，C と D, D と E, C と E の結合強度が +1 される．同様に文献 B は D と E と F を引用しているため，D と E, E と F, D と F の結合強度が +1 される．結果として，C と D, C と E, D と E, E と F, D と F はそれぞれ 1, 1, 2, 1, 1 の結合強度を持つ．このとき，書誌結合ネットワークは C, D, E, F から構成されて具体的に図 5.14 (b) のようになる．ノード間の結合強度がノードの類似性を表すことがわかる．

矢印で定義される有向ネットワークが隣接行列 A で表されるのに対し，書誌結合ネットワークは無向ネットワークで重み付き隣接行列 AA^T で表される．実際には，隣接行列の AA^T を計算することなく，隣接リストにおいて 2 リンク先を調べることで結合強度を計算する．

書誌結合ネットワークと結合強度は，文献の引用関係から生まれた関係の強

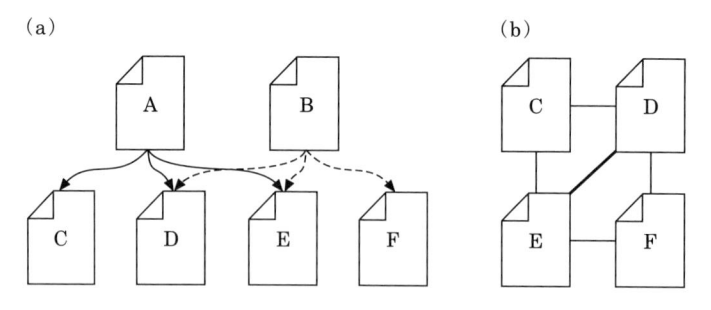

図 5.14　文献間の引用関係 (a) から書誌結合ネットワーク (b) を構成する．このとき，DE 間のリンクは強度 2 (それ以外は強度 1) となる．

さを評価する指標だが，他のネットワークに対しても利用することができる．たとえば，企業間の取引関係ネットワークを「発注社 → 受注社」の有向リンクで定義して，ネットワーク全体で結合強度を計算したとする．このとき，結合強度は受注社間の類似性を表しているものとなり，発注社から仕事を奪い合う競合他社関係であると示唆される．

共引用ネットワークと共引用度

共引用は図 5.15 のように一つの文献を引用している複数の文献間を結びつけたものとなる．文献 A は C と D と E から引用されているため，C と D, D と E, C と E の共引用度が +1 される．同様に文献 B は D と E と F から引用されているため，D と E, E と F, D と F の共引用度が +1 される．書誌結合とほぼ同様の手続きで共引用度を求めることができる．書誌結合と対となる概念であり，ノード間の共引用度もノードのある種の類似性を表すことがわかる．

共引用ネットワークと共引用度は，企業間の取引関係にたとえれば，発注社間の類似性を表しているものとなる．共引用度が高い企業は同じ企業に発注しているため，サプライチェーンがよく似た構造を持つ企業同士となることが分かる．

実装はどちらもとても簡単にできる．もとのネットワークの隣接リスト List.dat と，1 列目と 2 列目を入れ替えた転置リスト TList.dat を用意する．それぞれ，1 列目を優先して，2 列目とともにソートする．

ノード i の隣接情報がリストの第 l 行から始まることを返す配列 line を用意する．

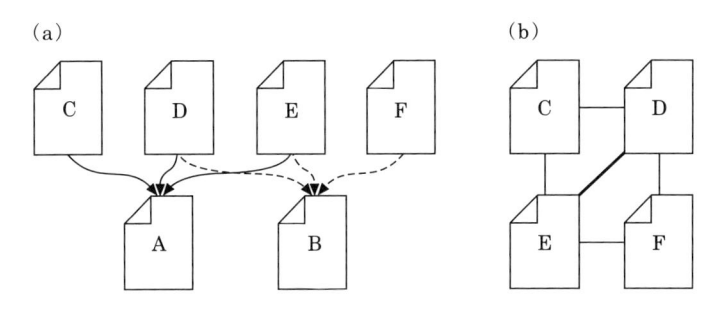

図 5.15 文献間の引用関係 (a) から共引用ネットワーク (b) を構成する．このとき，DE 間のリンクは強度 2 (それ以外は強度 1) となる．

```
line=(int *)calloc(max+2, sizeof(int));
for(i=0;i<L;i++){
    if(List[2*i] != List[2*(i-1)] && i>0){
        line[List[2*i]]=i;
        if(List[2*i] - List[2*(i-1)] >1){
            for(j=List[2*(i-1)]+1;j<List[2*i];j++){
                line[j]=line[List[2*i]];
            } } } }
line[max+1]=L;
```

ノード i の隣接情報がリストの第 l 行から始まることを返す整数型配列 line[i]=l を定義する．リストの行数 L とノードの番号の最大 max を用いる．冗長かもしれないが，ノード番号にとびがある場合の処理を二つ目の if 文の中で処理している．

この配列 line を用いて，TList.dat においてノード i が何行目から始まるかを返す整数型配列 Tline[i] を定義する．また，List.dat のネットワークのリストを配列 List に，Tlist.dat のネットワークのリストを配列 Tlist に格納し，共引用ネットワークの隣接行列は次のように求まる．

```
for(i=0;i<L;i++){
for(j=Tline[List[2*i+1]];j<Tline[List[2*i+1]+1];j++)
{
    print("%d %d\n",List[2*i],TList[2*j+1]);
    }
}
```

同様にして，書誌結合ネットワークの隣接行列は次のように求まる．

```
for(i=0;i<L;i++){
for(j=line[TList[2*i+1]];j<line[TList[2*i+1]+1];j++)
{
    print("%d %d\n",TList[2*i],List[2*j+1]);
```

```
    }
}
```

　結合強度と共引用度は隣接リストにおいて，同じリンクが出てきた回数で表されることになる．リンクに太さを付けて，可視化することで企業間の類似性などを視覚的に確認することができる．

演　習　問　題

　演習問題で必要となるデータ，解答や追加の情報などは，本書の Web サイト (http://www.smp.dis.titech.ac.jp/book_bigdata.html) を参照．

問題 5.6.1 コミュニティ分割

　5.1 節の単語共起ネットワークに対して，貪欲法でモジュラリティを最大にするようなコミュニティに分割せよ．

問題 5.6.2 書誌結合と共引用

　5.1 節の単語共起ネットワークを有向ネットワークとして扱い，書誌結合ネットワークと共引用ネットワークを作れ．

5.7　ネットワークの探索

　5.4 節で連結成分 (強連結成分) を抽出すれば，ネットワークの本質に近づけることと現象を正しくシミュレーションできることを説明した．実際のデータにおいては，ネットワークが大きく分断されていることは少ないが，細片のようなネットワークがいくつも存在していることがある．また，完全に分離していなくても，有向ネットワークでは行き止まりのノードや戻って来られない経路が存在することは多々ある．ネットワークを一つの物理システムと考えたとき，相互作用の連鎖関係が分断されていたり，非対称性から相互作用の影響を受ける経路が存在しないことは不自然である．ノード同士の相互作用以上に，接続関係が現象の本質であると考える立場から，このような不自然な性質は取り除かれることが多い．

ネットワークから連結 (強連結) 部分を抽出する基本となるアルゴリズムは，複雑ネットワークの連結性をノード間を移動して調べるようなアルゴリズムであることから探索アルゴリズムと呼ばれる．深さ優先探索と幅優先探索の二つのアルゴリズムがあり，複雑ネットワークにおいて重要な解析手法の基礎となっていて，データ構造の基本概念となるスタックとキューと深く結びついている．ここでは，深さ優先探索，幅優先探索の実装，そして探索アルゴリズムを応用した発展的な抽出アルゴリズムについて述べる．

5.7.1 データ構造

□ スタック　スタック (Stack) とは後入れ先出し (Last In First Out, LIFO) 方式のデータ構造を指す．データが積み重なる様からスタックと呼ばれている．入れた面からしか取り出せない細長い容器を考えるとイメージしやすい．データを格納するプッシュ(Push) とデータを取り出すポップ (Pop) という二つの基本操作から構成されている．

□ キュー　キュー (Queue) とは先入れ先出し (First In First Out, FIFO) 方式のデータ構造を指す．キューは順番待ちの行列を意味し，スーパーのレジや窓口での人々の列を考えるとイメージしやすく，先に並んだ順に処理が行われる．キューの場合，データを追加することをエンキュー (enqueue)，データを取り出すことをデキュー (dequeue) と呼ぶ．また，データが取り出される側を先頭 (front)，データを入れる側を末尾 (rear) という．

5.7.2 探索

深さ優先探索・幅優先探索においてスタックやキューは，アルゴリズムにおいてノードを訪れた順序の情報を残しておくために利用される．これらアルゴリズムの実装自体は難しくない．実装を通してスタックとキューの使われ方や概念を身に付けることを中心に進めてほしい．

深さ優先探索

深さ優先探索 (Depth First Search, DFS) とは，縦型探索とも呼ばれ，再帰関数を用いた再帰的な実装とスタックを用いた非再帰的な実装の二つがある．深さ優先探索は後述する幅優先探索に比べ，空間計算量が小さく，より少ないメモリ容量で計算ができるという利点がある．欠点としては，探索路に長いパ

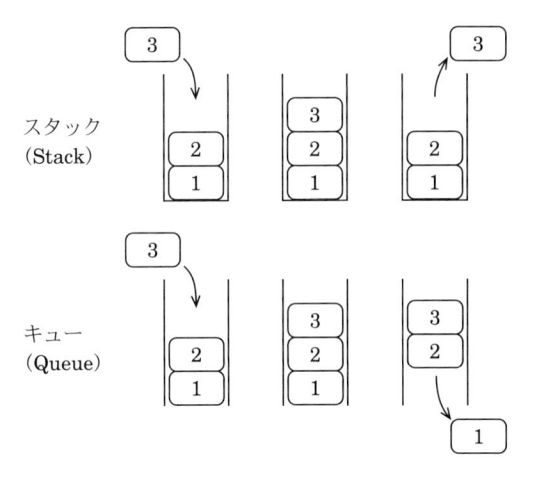

図 5.16　スタックへのデータの出し入れ (上段) とキューへのデータの出し入れ (下段) の概念図.

スが存在すると時間がかかりメモリ消費量も大きくなる．連結なグラフの場合，深さ優先探索の探索路でできたグラフは閉路のないツリーとなっていて深さ優先探索木 (Depth First Search Tree, DFST) と呼ばれる．

--- 深さ優先探索法 ---
(1) 適当なノード v_0 を出発点として一つ決める．
(2) 未訪問の隣接ノードを一つ選び訪問する．
(3) 現在訪問しているノードを v とするとき，隣接ノードで未訪問のものがあるなら (2) を繰り返す．隣接ノードがすべて訪問済みのとき，v を訪問したときのリンクをたどって，ノード v' へ帰る．
(4) (2), (3) を繰り返していく．$v_0 = v'$ かつ v_0 の隣接ノードがすべて訪問済みとなったとき終了する．

深さ優先探索の場合，一つの方法としてスタックを用いることで実装できる．実装する際には，スタックと訪問済みかどうかをチェックする配列を用意する．ノードの状態には未訪問，スタック内，そして訪問済みの三状態を割り当てることで，ループやサイクルの処理にも対応できる．

スタックを用いた深さ優先探索

(1) 適当なノード v_0 を出発点 (root) として一つ決める．

(2) v_0 をスタックにプッシュする．

(3) 次の操作 (i)〜(iv) をスタックが空でない限り続ける．

　(i) スタックの一番上にあるノード v をポップする．

　(ii) v を訪問済みとする．

　(iii) v に訪問番号をふる．

　(iv) v の隣接ノードで未訪問かつスタック内にない v' をスタックにすべてプッシュする．このとき，v' がスタック内にあることを状態付けする．

(4) 最後にノードと訪問番号を出力する．

ここではスタックの実装が要となる．スタックからポップされたときに初めて訪問済みと見なされるので，スタック内にあるノードが未訪問だと判断されて，もう一度スタックにプッシュされてしまうのを防ぐために状態付けする必要がある．

```
for(i=1;i<=N;i++){
    Vis[i]=-1;//初期にはすべて未訪問
}
num=1;//訪問番号
for(i=1;i<=N;i++){
    if(Vis[i]==-1){
        stack[lay]=i;
        Vis[i]=0;
            while(lay>0){
            v=stack[lay];
            stack[lay]=0;
            lay--;
            Vis[v]=num;
            num++;
```

```
for(t=line[v];t<line[v+1];t++){
    if(Vis[List[2*t+1]]==-1){
        lay++;
        stack[lay]=List[2*t+1];
        Vis[List[2*t+1]]=0;
    } } } } }
```

Vis[i] は，ノード数 N と同じ要素数 N を持つ整数型配列であり，ノード i が未訪問なら -1, スタック内なら 0, 訪問済みなら訪問した順番を返す．stack[h] も要素数 N を持つ整数型配列でスタックの h 段目に入っている要素を返す．lay は stack の一番上が何段目であるかを表す．

図 5.17 に示す簡単なネットワークに対して，スタックを用いた深さ優先探索を実行することを考える．出発点をノード 5 として探索を実行していき，ポップされた順番を訪問順序としていくと，図 5.17 の例では，

$$5 \to 7 \to 9 \to 6 \to 8 \to 4 \to 2 \to 1 \to 3$$

の順となる．ただし，プログラムで同じ訪問順序を再現するには，隣接リストのデータは第 1 列優先で第 2 列とともに昇順でソートされている必要がある[9]．

また，深さ優先探索では，スタックを用いずに再帰関数をうまく使うことでも実装できる．各ノードには未訪問・訪問済みという 2 状態を割り当てる．ただし，リストデータは先と同様に第 1 列優先で第 2 列とともに昇順でソートされている必要がある．

─ 再帰関数を用いた深さ優先探索 ───────

ネットワークのリストデータを用意する．

(1) 適当なノード v_0 を出発点 (root) として一つ決める．
(2) 再帰的な深さ優先探索 rdfs(v_0) を行う．

再帰的な深さ優先探索 rdfs(v)

(i) v を訪問済みとする．

───────────────────────────
[9] ノードの値の小さい順にプッシュされるよう実装すればよい．

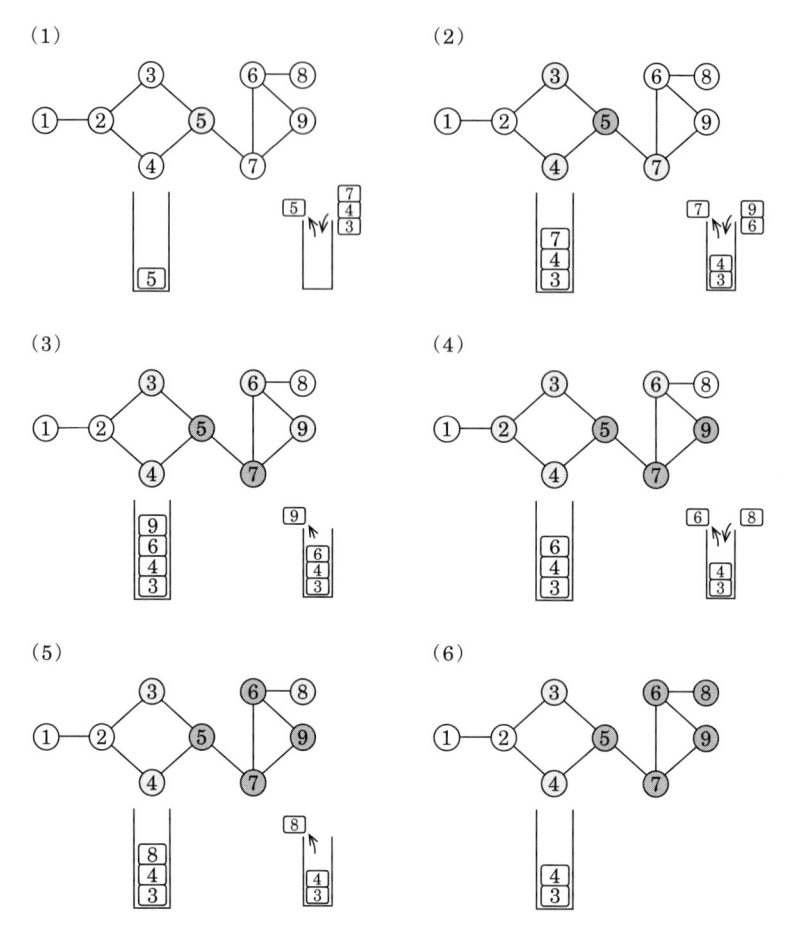

図 **5.17** 簡単なネットワークでのスタックを用いた深さ優先探索の例．スタックにあるノードはうすい灰色，訪問済みのノードは濃い灰色で表す．(1) 初期ノードを 5 番のノードとする．(2) 5 番への到達とともにポップされ，5 番の隣接ノード 3,4,7 が順番にスタックにプッシュされる．(3) スタックから 7 がポップされ到達したことになる．また，7 の隣接ノード 6,9 がプッシュされる．(4) 9 がプッシュされ，到達したことになる．9 の隣接ノード 6 はスタック内にあるので操作は行われない．(5) 6 がポップされ，到達したことになる．6 の隣接ノード 8 がスタックにプッシュされる．(6) 8 がプッシュされる．以降，同様に続く．

> (ii) v に訪問した順番をふる.
> (iii) v の隣接ノードで未訪問のもの v' があったら rdfs(v') をする.
>
> (3) 最後にノードと訪問した順番を出力する.

再帰関数での実装は非常に簡単に行うことができる. 次の内容を main 関数に書く.

```
//N はノード数である
for(i=1;i<=N;i++){
    Vis[i]=-1;//初期にはすべて未訪問
}
num=1;//訪問番号
for(i=1;i<=N;i++){
    if(Vis[i]==-1){
        rdfs(i);
    } }
```

また, rdfs(i) を次のように定義する. ここで 5.6.2 節の「書誌結合と共引用」で用いたノード i の隣接情報がリストの第 l 行から始まることを返す配列 line を使っている.

```
rdfs(int cur){
    int t;
    Vis[cur]=num;
    printf("%d %d\n",k,num);
    num++;
        for(t=line[cur];t<line[cur+1];t++){
            if(Vis[List[2*t+1]]==-1){
                rdfs(List[2*t+1]);
            } } }
```

再帰関数による深さ優先探索では, 未訪問隣接ノードのうち, 最もノード番

号の小さいものから順に訪れていくため，スタックを用いる場合と訪問順序が若干異なる．しかし，深さ優先探索は，直感的には途中の分かれ道を記憶しながらも行き止まりまで直進する探索方法だと理解できる．

幅優先探索

幅優先探索 (Breadth First Search, BFS) とは，横型探索とも呼ばれ，キューを用いて実装を行う．幅優先探索では探索するネットワークのノード数を N，リンク数を L とすると，空間計算量・時間計算量ともに $O(N+L)$ であるため，大規模なネットワークでは莫大な時間がかかり非現実的である．また，探索路に大きな分岐数を持つノードが存在するとメモリ効率が悪い．後述するように，一般的にはノード間距離の計算などで用いられる．

深さ優先探索の場合と同様に，連結なグラフに対して幅優先探索の探索路でできたグラフは閉路のないツリーとなっており幅優先探索木 (Breadth First Search Tree, BFST) と呼ばれる．

幅優先探索

(1) 適当なノード v_0 を出発点 (root) として一つ決める．

(2) v_0 をキューにエンキューする．

(3) 次の操作をキューが空でない限り続ける．

　(i) キューの先頭にあるノード v をデキューする．

　(ii) v を訪問済みとする．

　(iii) v に訪問した順番をふる．

　(iv) v の隣接ノードで未訪問かつキュー内にない v' をキューにすべてエンキューする．このとき，v' がキュー内にあることを状態付けする．

(4) 最後にノードと訪問した順番を出力する．

アルゴリズムを見てわかるように，深さ優先探索のスタックをキューにしたものが幅優先探索のアルゴリズムとなる．どちらかが実装できたのであれば，もう片方も簡単に実装できる．スタックを使った深さ優先探索の while 文の書き換えだけを行えばよい．

```
while(rear!=front){
    v=Queue[front];
    printf("%d %d\n", v, num);
    Queue[front]=0;
    front++;
    num++;
    for(t=line[v];t<line[v+1];t++){
        if(Vis[List[2*t+1]]==-1){
            Queue[rear]=List[2*t+1];
            rear++;
            Vis[List[2*t+1]]=0;
        } } }
```

　Queueはノード数 N のメモリを持つ配列で，先頭は front，末尾は rear で定義されるキューである．スタックの lay のかわりに先頭 (front) と末尾 (rear) をそれぞれ定義し，エンキュー・デキューのたびに内部を整理する必要のないようにすると簡単に書ける．

　図 5.18 に示す簡単なネットワークに対して，幅優先探索を実行することを考える．出発点をノード 5 として探索を実行すると訪問順序はデキューされた順番になる．訪問順序は，

$$5 \to 3 \to 4 \to 7 \to 2 \to 6 \to 9 \to 1 \to 8$$

となる．ただし，ここでもリストデータは，1 列目優先で 2 列目とともに昇順でソートされているとする．

　この幅優先探索により，ある出発点としたノードから到達したノードまでの最小のノード間距離を計算することができる．出発点のノードを距離 0 として，デキューされた距離 d のノードのすぐ後にエンキューされたノードは $d+1$ であることを利用する (問題 5.7.2)．

　紹介した探索アルゴリズムは前提知識を用いず，どんなグラフに対しても，常に正しい答えを出すものである．しかし，計算時間がかかりすぎる場合には，近似的に有効な手法も必要になる場合がある．こういった探索方法をヒューリ

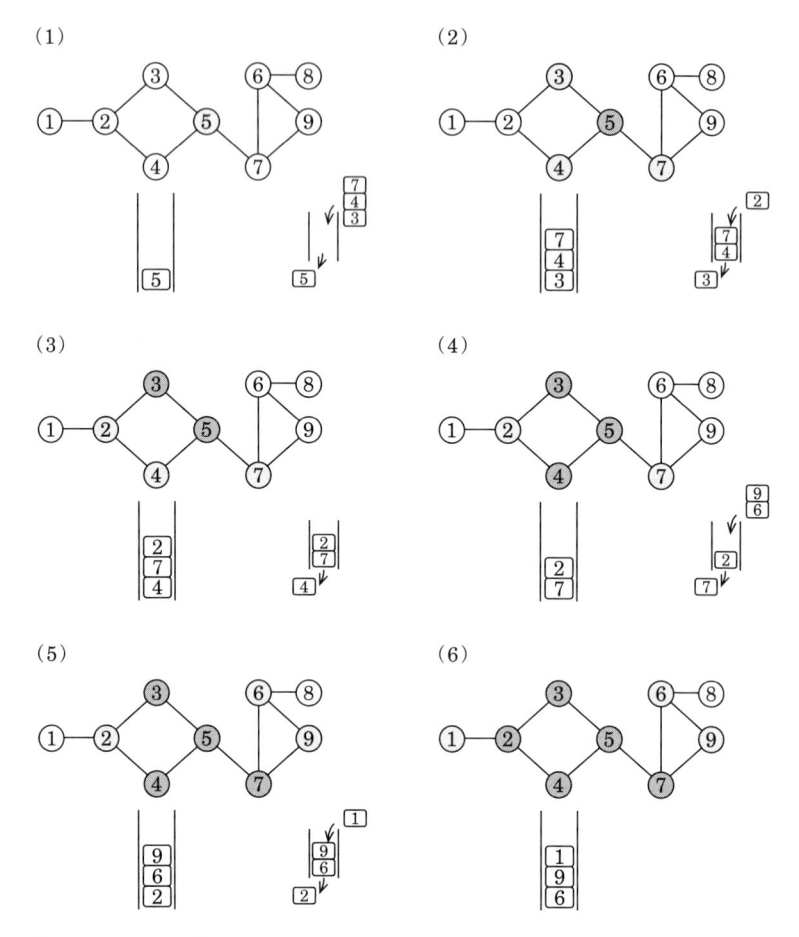

図 5.18　キューを用いた深さ優先探索の例．キュー内にあるノードはうすい灰色，訪問済みのノードは濃い灰色で表す．(1) 初期ノードを 5 番のノードとする．(2) 5 番への到達とともにデキューされ，5 番の隣接ノード 3, 4, 7 が順番にキューにエンキューされる．(3) キューから 3 がデキューされ到達したことになる．また，3 の隣接ノード 2 がエンキューされる．(4) 次に 4 がデキューされ，到達したことになる．4 の隣接ノード 2 は，キュー内にあるので操作は行われない．(5) 7 がデキューされ，到達したことになる．7 の隣接ノード 6, 9 がエンキューされる．(6) 2 がデキューされ，隣接ノードの 1 がエンキューされる．以降，同様に続く．

スティクスな探索と呼び，例としては，遺伝的アルゴリズムによる探索や A*探索などが挙げられる．与えられたグラフに対し固有な仮定をおき，探索する手法のことであるが，使い勝手の良い場合がある．ここでは概念と名前の紹介にとどめるが，複雑ネットワークの研究においても，ヒューリスティクスな探索が時には役に立つこともあるだろう．

5.7.3 強連結成分の抽出

有向ネットワークに対し，強連結成分の抽出アルゴリズムは，探索アルゴリズムを用いて記述される．リンクを無向としてアルゴリズムを適用すれば，連結成分の抽出にも使える．このアルゴリズムでは，もと来た道の方向に戻れるリンク (バックリンクと呼ばれる) を同時に探しながら未訪問のノードを探索する．この強連結成分を抽出する方法はタージャン法 と呼ばれる [49]．隣接ノードがすべて訪問済みになったら，隣接ノードのうち何番目に訪れたノードまで戻れるかを表す根番号を各ノードに振りなおしていくことで各強連結成分クラスタに番号付けをしていく．

タージャン法

(1) 適当なノード v_0 を出発点 (root) として一つ決める．

(2) タージャン法による強連結成分の抽出 LSCC(v_0) を行う．

 (i) v_0 をスタックにプッシュする．

 (ii) v_0 に訪問した順番をふる．

 (iii) v_0 に根番号 (= 訪問した順番) をふる．

 (iv) v_0 の隣接ノード v' が未訪問なら LSCC(v')，また v_0 の根番号を v_0 の根番号と v' の根番号の小さい方へと更新する．隣接ノード v' がスタック内にあるときは，v_0 の根番号を v_0 の根番号と v' の訪問番号の小さい方へと更新する．

 (v) v_0 の根番号と訪問した順番が同じならば，スタック内のノードをすべて同一の強連結成分として状態付けする．

(3) 未訪問のノードを新たな出発点として同様に行う．

(4) ノードがどの強連結成分に属すかを出力する．

再帰とスタックが組み合わさり，抽象度が高い．図 5.19 のような小さいネッ

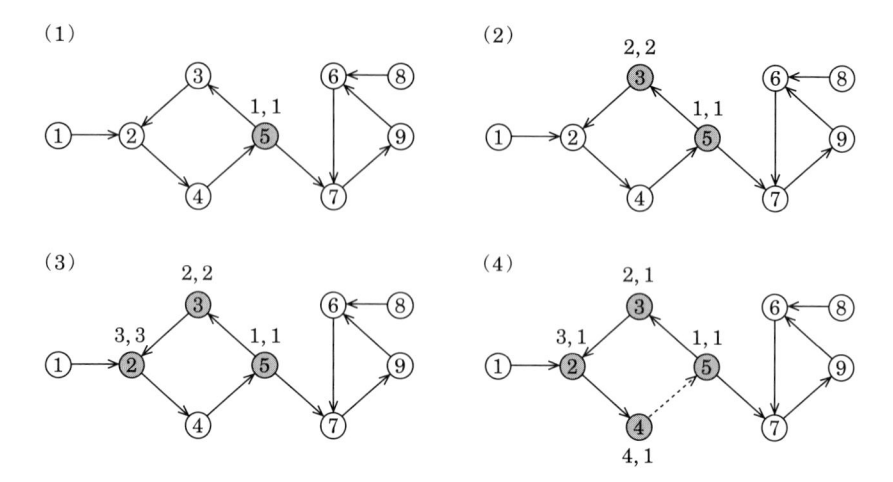

図 5.19 ノード 5 を出発点とした深さ優先探索による強連結成分の抽出．ノードの右肩に根番号，左肩に訪問順番が書かれている．(1) 出発点をノード 5 とし，ノード 5 に訪問順番 1，根番号 1 とし訪問済みとする．(2) ノード 3 に訪問し，訪問順番 2，根番号 2 とする．(3) ノード 2 に訪問し，訪問順番 3，根番号 3 とし訪問済みとする．(4) ノード 4 に訪問し，訪問順番 4，根番号 4 とする．行き止まりであるためノード 4 の隣接ノードのうち，根番号の最も少ない 1 に自分の根番号を振りなおす．ノード 2 はノード 4 の根番号が自身の根番号より小さい 1 であるため，ノード 2 の根番号を 1 に振りなおす．ノード 3 も同様に 1 に振りなおす．これによって，出発点 5 を含む，強連結成分の抽出が行われた．

トワークなどで手計算で少しずつ手法を追うことで意味を理解するとよい．

　図 5.19 のように出発点 5 から始めた探索において行き止まりに到達し，なおかつ周囲に訪問済みのノードがあるとき，どこまで戻れるかを来た道をたどりながらすべて振りなおしていく．最終的に振りなおされた根番号 1 の四つのノードは，出発点 5 を含む強連結成分となっている．この抽出が終了したら，続いて未訪問のノードを出発点として同様に繰り返していけば全体を強連結成分に分けていくことができる．最終的には，図 5.20 のようになる．

　基本的には通ってきた道のどこまで戻れるかという点で各ノードに戻れる場所までの番号を付けていっているに過ぎない．

[タージャン法: main 関数]

```
for(i=1;i<=N;i++){
```

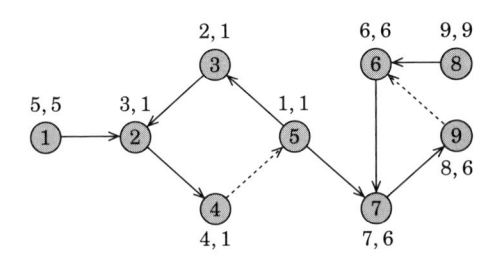

図 5.20 出発点を 5 とすると，5→3→2→4 となり，強連結成分が抽出される．その後，出発点をノード番号の小さい順に 1, 6, 8 としたときの訪問順番と根番号．

```
    Vis[i]=-1;//初期にはすべて未訪問
}
num=1;//訪問番号
for(i=1;i<=N;i++){
    if(Vis[i]==-1){
        LSCC(i);
    } }
```

二つ目の for 文が終了した時点で，各ノード i がどの強連結成分に属すかの情報がすべて抽出されている．タージャン法を適用する LSCC 関数は次のようになる．

[タージャン法: LSCC 関数]

```
LSCC(int cur){
    int t;
    Vis[cur]=num;
    Anc[cur]=num;
    stack[lay]=cur;
    Vis[stack[lay]]=0
    lay++; num++;
    for(t=line[cur];t<line[cur+1];t++){
        if(Vis[List[2*t+1]]==-1){
```

```
            LSCC(List[2*t+1]);
            Anc[cur]=min(Anc[cur], Anc[List[2*t+1]]);
        }else if(Vis[List[2*t+1]]==0){
            Anc[cur]=min(Anc[cur], Vis[List[2*t+1]]);
        }
    }
    if(Anc[cur]==Vis[cur]){
        color++;
        lay--;
        while(Vis[stack[lay]]>Vis[cur]){
            scc[stack[lay]]=color;
            Vis[stack[lay]]=0;
            stack[lay]=0;
            lay--;
        }
        scc[stack[lay]]=color;
        Vis[stack[lay]]=0;
        stack[lay]=0;
    }
}
```

　与えた二つの値のうち小さい方の値を返す min 関数があると便利である．配列 Anc[cur] は，根番号を表す N の要素数を持つ配列である．scc[cur] はノード cur がどの強連結成分に属しているかの状態を返す N の要素数を持つ配列である．ここでは int 型変数 color によって，入力したネットワークのうち強連結成分 1, 強連結成分 2 といったように分けられている．タージャン法によって強連結成分の抽出を $O(N+L)$ の計算時間で行うことができる．タージャン法の手順 (p.219) の (4)「ノードがどの強連結成分に属すかを出力する」ためには，main 関数の最後に各ノードが何番の強連結成分に属すかの情報を出力すればよい．

```
for(i=1;i<=N;i++){
    printf("%d %d\n",i,scc[i]);
}
```

ノード数が最大の強連結成分を得るには，上の出力からノード数が最も多い連結成分の番号 maxcolor を得て，リンクの両端のノードが同連結成分に属するリンクを出力すればよい．

```
for(i=0;i<Line;i++){
    if(scc[List[2*i]]==maxcolor && scc[List[2*i+1]]==maxcolor)
        printf("%d %d\n",List[2*i],List[2*i+1]);
}
```

また，大規模なネットワークとなると取り扱うことが難しいが，先に紹介した Cytoscape でも強連結成分を抽出できるため，プログラムの確認をするとよい．

5.7.4　関節点と橋

強連結成分の抽出は，複雑ネットワークを取り扱うための整理の側面が強かったが，同様のアルゴリズムで「関節点」と「橋」と呼ばれる強連結性を保つための重要なノードとリンクが抽出できる．

関節点は，Articulation point, cut vertex とも呼ばれる．注目するノードが関節点であるとは，そのノードとそのノードが持つリンクをネットワークから取り除いたとき，ネットワーク全体の連結性 (有向ネットワークの場合は強連結性) を失うものを言う．大規模なネットワークの中で，関節点は全体の連結性を保つ非常に重要な役割を果たしているノードであり，そのノードを介さなければネットワーク全体を巡ることができないと考えれば，媒介中心性が非常に高いとも考えられる．たとえば，通信網ではノードはサーバー，コンピュータであり，関節点にあるこれらが故障してしまうと通信網は崩壊してしまう．同様に交通網でも関節点となっている交差点が通れなくなると，車両が到達できない地域が発生することになり，事故や災害に対処できなくなる．

一方で橋とは，Articulation edge, Bridge とも呼ばれる．注目するリンクが

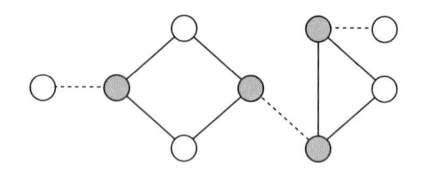

図 5.21 無向ネットワークにおける関節点と橋の例．濃色のノードは関節点，破線のリンクは橋となる．有向ネットワークの場合は，リンクの向きを考慮して強連結性で判断する．

橋であるとは，そのリンクをネットワークから取り除いたとき，ネットワーク全体が連結性を失うようなものを言う．橋は，全体の連結性を保つ非常に重要な役割を果たしているリンクであり，関節点と同様にネットワークの脆弱性を議論するうえでよく注目される．

橋は，連結性の他にも次のような特徴が注目される．

---橋の特徴---

- 橋であるリンクの端のどちらかのノードは関節点である．
- すべてのリンクが橋 ⟷ ネットワークはツリーである．
- (上の同値表現) リンクが橋でない ⟷ そのリンクはループを構成する．

二つ目と三つ目はほぼ同じことを述べているが，三つ目の表現は橋がループを定量的に扱うことのできる指標となることを示唆する．

関節点 (橋) の抽出は，解析するネットワークが小さいものであれば，N 個のノード (L 本のリンク) を一つ一つ取り除いて，タージャン法で強連結性を調べることで可能である．しかし，これでは $O(N^2)$ や $O(L^2)$ の時間がかかってしまい，大規模なネットワークでは現実的でない．

関節点と橋のアルゴリズムは，バックリンクに注目し，強連結成分の抽出アルゴリズムをわずかに修正することで実装できる．すべてのノードに対して，深さ優先探索の探索順序をもとにした親ノードと子ノードを，次のように定義する．深さ優先探索によってあるノード u にたどりつき，次に u からの深さ優先探索によってノード v に至ったとき，u は v の親と呼び，v は u の子であるという (深さ優先探索木における親と子)．

関節点の抽出

関節点を抽出・列挙するには次のアルゴリズムを行えばよい [50].

関節点の決定

(1) 探索の出発点 (root) であるノード v_0 の子が二つ以上のとき, v_0 は関節点となる.

(2) v の親を u (u は出発点でない) として, Vis[u]$\leq$Anc[v] ならば, u は関節点となる.

以上の条件は, ノードが関節点であることの必要十分条件である. 配列 Vis はノードを訪問した順番を, 配列 Anc はノードの根番号を返す, タージャン法までのアルゴリズム中で定義したものである. これが関節点になる証明は本書のレベルを超えるので割愛するが, 小さいネットワークで手順を追って確認してほしい.

関節点の意味を考えると解析するネットワークは強連結である必要がある.

```
AP( int cur, int previous ){
    int t;
    Vis[cur] = num;
    Anc[cur] = num;
    num++;
    for(t=line[k];t<line[k+1];t++){
        if ( Vis[List[2*t+1]]==-1 ){
            parent[List[2*t+1]] = cur;
            dfs(List[2*t+1], cur );
            Anc[cur] = min( Anc[cur], Anc[List[2*t+1]] );
        } else if ( List[2*t+1] != previous ){
            Anc[cur] = min( Anc[cur], prenum[List[2*t+1]] );
        } } }
```

AP 関数は LSCC 関数とよく似ているが, どこ (=cur) を探索するかの引数と, 一つ前はどのノード (=previous) にいたのかの引数を持つ. そのため出

発時は AP(root, −1) のように previous に存在しないノードを指定して開始する．また，ノード v の親が誰であるのかを N 要素数の配列 parent[v] を用いて表している．

子の数を表す配列 Numchild[] を次のように定義すれば，関節点を列挙できる．

```
for(i=1;i<=N;i++){
    Numchild[parent[i]]+=1;
}
for(i=1;i<max;i++){
    if(i==root){
        if(NumChil[root]>1)
            print("%d\n", root);
            //frag[root]+=1;
    }else{
        if(parent[i]!=root && prenum[parent[i]]<=lowest[i])
            print("%d\n", i);
            //frag[parent[i]]+=1;
        }
    }
```

また，関節点であるノードを除去したときに最大強連結成分がいくつの強連結成分に分裂するか (分裂数) を同時に計算することもできる．上記のサンプルコード中の配列 frag が，ノード i を除去したときの分裂数 −1 を返す．

橋の抽出

橋を抽出・列挙するには次のアルゴリズムを行えばよい [50]．

橋の決定

　　　Vis[u]≦Anc[v] ならば，リンク $u \to v$ は橋となる．

以上の条件は，リンクが橋であることの必要十分条件である．ノード v から

ではノード u 以前に訪れたノードには戻れないことを意味している．ここで，解析するネットワークは強連結である必要がある．

```
BRIDGE( int cur, int previous ){
    int t;
    Vis[cur] = num;
    Anc[cur] = num;
    num++;
    for(t=line[k];t<line[k+1];t++){
        if (List[2*t+1]!=previous){
            if ( Vis[List[2*t+1]]==-1 ){
            BRIDGE(List[2*t+1], cur );
            if(lowest[lr[t]] > prenum[cur]){
                printf("%d %d\n",cur,List[2*t+1]);//Bridgeの表示
            }
            Anc[cur] = min( Anc[cur], Anc[List[2*t+1]] );
        }else{
            Anc[cur] = min( Anc[cur], prenum[List[2*t+1]] );
    } } }
```

このアルゴリズムでは，探索しながら橋を出力していく．関節点と違い，必ず最大強連結成分を二つに分裂させる．

演 習 問 題

演習問題で必要となるデータ，解答や追加の情報などは，本書のWebサイト (http://www.smp.dis.titech.ac.jp/book_bigdata.html) を参照．

問題 5.7.1 探索アルゴリズムの実装 1

数個のノードから構成される単純なネットワークをあらかじめ作成する．二つの探索方法を用いて，訪問順番をまずは手計算で求めよ．次に，深さ優先探

5.7 ネットワークの探索　　227

索と幅優先探索でネットワークを探索し，探索の順序を確認せよ．

問題 5.7.2 ノードからの距離

出発点を指定し，幅優先探索を用いて，各ノードの出発点からの距離を求めよ．

問題 5.7.3 探索アルゴリズムの実装 2

ノード数数個の単純なネットワークをあらかじめ作成する．連結性や強連結性が目で確認できるようなものがよい．

(1) 最大強連結成分を抽出するタージャン法を実装する．最大強連結成分内のノードで構成される隣接リストを出力せよ．

(2) 関節点と橋を抽出する．加えて，実際にノードやリンクを取り除いて，タージャン法で連結性を見ることで，橋または関節点であることを確認せよ．

問題 5.7.4 探索アルゴリズムの実装 3

実際の大規模ネットワークに対して，問題 5.7.3 で作成したプログラムを適用する．もとのネットワーク A とそこから強連結成分を抽出したネットワーク B でどのように性質が変わっているか調べる．

(1) ネットワーク A と B の次数分布・隣接次数分布・次数相関を確認せよ．
(2) ページランクや HITS を計算して A と B の間で値の変化を確認せよ．
(3) A と B は同じ性質を持つネットワークとして判断してよいか議論せよ．

5.8 ネットワーク上の輸送現象

人と人とのつながり，企業間の取引関係，通信網や道路網を解析するとき，そのつながりに注目して複雑ネットワークとして扱うと，統計学や時系列解析とは違った解析ができることを前節までで紹介した．しかし，これまではデータを数字としてしか見ておらず，背景に潜む現象にはほとんど注目してこなかった．あくまでネットワークという視点を通して，ダイナミクスやシステムを観測していたにすぎず，何らかの手法でノードや部分を抽出することで終わってしまっては，定性的な現象の理解しかできないことがほとんどである．

もちろん，特殊なノードやリンクをデータの中から探すのも重要だが，中心を評価するために尺度を解析者自身で設定しなければいけないので，結果に普遍性を持たせられないことが多い．逆に，どのようなダイナミクスで現象が起こったかを理解できれば，何(どこ)を中心とすればよいのかについても当然知見を得られる．特に，ダイナミクスが数理的に記述できればシステムのシミュレーションができることと等しい．このように，データ解析の本当の目標は何らかの数字を得ることではなく，**データに見られる性質がどのようなプロセスで形成されたかを知る**ことにある．

前節までの知識は観測データから経験則を確立するまでの過程であり，そこから，そのシステムを支配する方程式を得ることが最終目標となる．ティコ・ブラーエが天体データを集め，ケプラーがデータを解析して，ケプラーの法則を提唱し，それを説明する万有引力の法則をニュートンが導出したように，物理学はシステムを支配する法則を見出すことを目指している．システムを理解し予測するためには，現象に注目し，観測された現象を数式に起こし，観測された特徴が何からもたらされているのかを定量的に説明することから始める必要がある．

5.8.1 複雑ネットワーク上における現象

Twitterのフォロー・フォロワー関係のネットワーク構造が注目され，長く解析が行われてきた [51,52]．しかし昨今では，Twitter上でデマが広まることや宣伝効果の評価に有用であることから，ネットワーク上をどのように情報が伝播していくのかという点に注目が集まっている．興味の対象は情報の拡散であり，多くの動力学的モデルが提唱されるようになった [51]．ネットワークの構造解析だけでなく，ネットワークに関連した現象のモデリングにも目を向ける広い視野が必要である．

複雑ネットワーク分野において注目されている現象の中では，輸送現象，流行現象，パーコレーション相転移の三つが代表的である．それぞれ数理的にも盛んに研究がなされているが，社会的にも応用される分野が広く，実用的な成果が求められている．

□ **輸送現象**　物理学の意味では，物質やエネルギーなどが移動することを輸送という．ここでは，複雑ネットワーク上の仮想的な粒子 (ウォーカー：walker)

がノード間を移動する現象を考える．たとえば，あるノードに多数の粒子を置いたときネットワーク全体にどのように拡散していき，どのように分布するかに注目する．5.5 節で紹介したページランクを発端として，数理的にも工学的にもよく研究されている．

□ **流行現象** 感染症の流行過程を理解するための数理モデルを基本とする．臨床データに基づく感染者数や治癒患者数の推移と比較することで，予防接種や実際の感染者数把握のための知見をモデルから得ようと試みられている [53,54]．昨今では，感染症のアナロジーとして，さまざまな現象に応用されていて，Twitter や Facebook といった SNS での友達関係ネットワーク上で噂やデマがどのように流行していくかや，広告や宣伝の効果がどのように口コミで広まっていくかを定量的に知るためにも使われる．

□ **パーコレーション相転移** パーコレーションとは浸透という意味である．複雑ネットワーク上で確率的にノードを除去していくと，ある確率 p_c において連結性を失い，ネットワークがばらばらになり，浸透しなくなるという急激な変化 (相転移) が起きる現象に注目する．数理モデルとして詳細な性質が調べられており，火災の延焼 [55] や企業間取引関係ネットワーク上での連鎖倒産の推定 [56,57] に応用されている．

5.8.2 複雑ネットワーク上での輸送現象

複雑ネットワーク上での輸送現象を，ビッグデータ解析に応用したことで多くの知見を与えた．ページランクによるノードの順位付け指標に始まり，最近では企業間取引関係ネットワーク上でのお金の流れにおいても，実データに基づいたいくつかの結果が報告されている [22,23]．

ここでは，ネットワーク解析におけるモデル化の例として，輸送モデルに注目する．複雑ネットワーク上の粒子がノード間を移動するときに，どのような法則に従って移動しているかによって，ページランクと等価な「重みなし線形輸送」，「重み付き線形輸送」，「非線形輸送」の三つに分かれる．まずは一般の線形輸送過程について説明し，重みなし線形輸送過程，重み付き線形輸送過程を紹介する．最後に，最近の話題として実データに非線形輸送を示唆する相互作用が確認されていることに触れる．各所で，これらの背景にある理論も紹介していく．

輸送現象の定常分布

具体的に重みなし・重みありを議論する前にどのような輸送が考察対象となりえるのかということを説明する．

輸送現象におけるおもな課題は，輸送によって時刻 t に各ノード i のウォーカーの密度 $p_i(t)$ が，どのような分布 $P(t)=\{p_1(t),p_2(t),\cdots,p_N(t)\}$ となるかということである．特に，$t\to\infty$ となったとき，複雑ネットワーク上を歩き回るウォーカーの分布 $P(\infty)$ はどのようになるかを知ることが重要である．複雑ネットワーク上での初期のウォーカーの分布を $P(0)$ とし，各要素が時間不変である遷移行列 B に従って[10]，次の状態に移るとする．つまり，時刻 t と $t+1$ の分布の関係は，横ベクトルの分布 $P(t)$ と遷移行列 B で次のように表せる[11]．

$$P(t+1)=P(t)B \tag{5.32}$$

十分長い時間が経過した後の状態は初期分布と遷移行列の極限で表される．

$$P(\infty)=\lim_{n\to\infty}P(0)B^n$$
$$\longleftrightarrow \quad P(\infty)=P(\infty)B \tag{5.33}$$

$P(\infty)$ を定常分布と言う．この定常分布が存在するためには，数学的には遷移行列が既約であることと非振動であることが必要である．

遷移行列の規約性は，ネットワークが強連結であることの別の表現である．ネットワークが強連結でないとき，ウォーカーが到達不可能のノードが存在することになる．また，ウォーカーがループ内を一定の周期で延々と回り続けると分布が一定周期ごとに変わり続け，振動し続けてしまい収束しない．この不都合を省くための条件である．

この二つの条件が成り立つネットワーク上のランダムウォークについては，ただ一つの定常分布が存在することが知られている．

---

[10] 遷移行列 B は時刻 t にノード i にいるウォーカーが，時刻 $t+1$ にノード j に移動する確率 b_{ij} を i,j 成分にもつ行列である．

[11] 文献によっては，遷移行列の要素 b_{ij} の定義が $i\to j$ ではなく，$j\to i$ の遷移確率で定義されていることもある．この場合，式 (5.32) は $P(t)$ が縦ベクトルとなり，$P(t+1)=BP(t)$ となる．本書では隣接行列 $A=(A_{ij})$ に合わせて，遷移行列を本文のように定義する．

> **ランダムウォークの定常分布の存在**
>
> ランダムウォークの遷移行列 B が既約かつ非振動的であるとき，この B で定義されるランダムウォークはただ一つの定常分布を持ち，すべての成分が正であるような初期状態 $P(0)$ に対して，$\lim_{n\to\infty} P(0)B^n$ が存在する．ここで，
>
> $$P(\infty) = \lim_{n\to\infty} P(0)B^n \tag{5.34}$$
>
> が成り立つ．

遷移行列 B の規約性を調べるには遷移行列をネットワークの隣接行列とみなしたときの強連結性を判定すればよい．また，非振動性は先に紹介した散逸と注入を導入するランダムウォークにより，任意のネットワークで非振動的(同時に既約性も与えられる)に振る舞うことが知られている．つまり，散逸と注入を導入するランダムウォークであれば，時間不変な遷移行列である限り定常分布をもつことがわかる．

重みなし線形輸送過程

重みなし線形輸送過程とは，ウォーカーが図 5.22 のように，いくつかある隣接ノードに等確率で遷移していく過程である．複雑ネットワーク上での輸送現象で最も簡単な過程であり，等分配過程とも呼ばれる．2 次元のユークリッド空間で考えたとき，通常の熱輸送と等価なことが示せることから，複雑ネットワーク上へ熱輸送を拡張した表式となっている．ページランクは，その定義からランダムウォーカーが等確率で隣接ノードに移動する素過程を持っていて，この重みなし線形輸送過程と等価である．この過程における時間は隣接ノードへの粒子の遷移を 1 単位時間 (1 ステップ) とする．

重みなし線形輸送過程の定義式は次の通りである．

$$p_i(t+1) = \sum_j \frac{A_{ji}}{k_j^{(\text{out})}} p_j(t) \tag{5.35}$$

ここで，隣接行列 A_{ij}, 出次数 $k_i^{(\text{out})}$ の意味は 5.5 節と変わらない．この表式はノード i のウォーカーの密度 $p_i(t)$ を成分に持つベクトル $P(t) = \{p_i(t)\}$ と遷移行列 $B = (b_{ij}) = (A_{ij}/k_i^{(\text{out})})$ を用いると，式 (5.32) と表せる．ノードが持つページランク $PR(i,\infty)$ はここでの $p_i(\infty)$ となる．

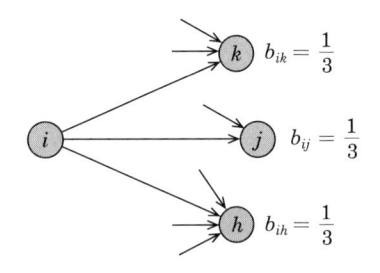

図 5.22　重みなし線形輸送過程での隣接ノードへの遷移確率．重みなし線形輸送過程ではノード i にいるウォーカーは隣接ノードに等しい確率で移る．有向ネットワークの場合，出リンクに対して，等分配されることになる．

上に述べたように，この輸送は強連結で非振動的なネットワーク上で定常分布を持つ．平均場近似をすることでその定常分布を知ることができる．平均場近似とは注目するノード以外はすべて同質なものであるという仮定をすることで，複雑なシステムの大まかな性質を知るのに良く用いられる．

定常分布 $P(\infty)=\{p_i(\infty)\}$ が存在することから

$$p_i(\infty)=\sum_j \frac{A_{ji}}{k_j^{(\mathrm{out})}} p_j(\infty) \tag{5.36}$$

となる．このとき，$i\neq j$ となるノード j について $k_j^{(\mathrm{out})} \equiv E[k^{(\mathrm{out})}]$, $p_j(\infty) \equiv E[p(\infty)]$ と平均場近似を施す．これによって

$$p_i(\infty)=\frac{E[p(\infty)]}{E[k^{(\mathrm{out})}]}\sum_j A_{ji}$$
$$\sim k_i^{(\mathrm{in})} \tag{5.37}$$

と近似される．つまり，重みなし線形輸送はネットワークの入次数に比例した量を定常状態として持つ．

5.5 節で，これと等価なページランクを中心性評価に用いたが，ページランクは次数に比例した量であることが分かり，入次数でみた次数中心性と似た中心性評価であることを確認した．

重み付き線形輸送過程

重み付き線形輸送過程とは，重みなし線形輸送過程を拡張したものである．重みなし線形輸送過程はウォーカーがいくつかの隣接ノードに等確率で遷移

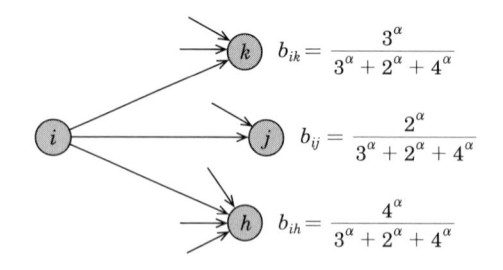

図 5.23 重み付き線形輸送過程での隣接ノードへの遷移確率.重み付き線形輸送過程で,特に式 (5.38) で定義される遷移過程ではノード i にいるウォーカーは隣接ノードの次数の α 乗 (k_j^α) に比例した確率で行き先が決まる.有向ネットワークの場合は,k_j は隣接ノードの入次数や出次数などと指定される.

していく過程であったのに対し,重み付き線形輸送過程は遷移先のノードごとに異なる遷移確率を持つ過程のことである.多くの場合,遷移確率は遷移先のノードの次数の関数となっている.たとえば,遷移行列 $B=(b_{ij})$ を次のように定義する重み付き線形輸送過程を考える.

$$b_{ij} = \frac{A_{ij}k_j^\alpha}{\sum_j A_{ij}k_j^\alpha} \tag{5.38}$$

この例では,ノード i の隣接ノードである j に遷移する確率は図 5.23 のように重み付き次数 k_j^α に比例する.$\alpha=0$ のときには,重みなしの場合と等しくなる.

無向ネットワーク上の重み付き線形輸送過程を考える.ネットワークの隣接行列を $A=(A_{ij})$ とすると,隣接行列は対称行列になる.ノード i にいるウォーカーが経路 $\{s_1, s_2, \cdots, s_{t-1}\}$ を通ってノード j に t ステップで到達する確率 $p_{\{i,s_1,s_2,\cdots,s_{t-1},j\}}(t)$ は基本遷移の重ね合わせで次のように表される.

$$p_{\{i,s_1,s_2,\cdots,s_{t-1},j\}}(t) = \frac{A_{is_1}k_{s_1}^\alpha}{\sum_{l_1} A_{il_1}k_{l_1}^\alpha} \frac{A_{s_1 s_2}k_{s_2}^\alpha}{\sum_{l_2} A_{s_1 l_2}k_{l_2}^\alpha} \cdots \frac{A_{s_{t-1} j}k_j^\alpha}{\sum_{l_t} A_{s_{t-1} l_t}k_{l_t}^\alpha} \tag{5.39}$$

各因子が隣接ノードへの遷移となり,この遷移の確率をすべての経路で足し合わせることでノード i にいるウォーカーがノード j に t ステップで到達する確率 $p_{ij}(t)$ を求めることができる.

$$p_{ij}(t) = \sum_{s_1,s_2,\cdots,s_{t-1}} p_{\{i,s_1,s_2,\cdots,s_{t-1},j\}}(t)$$

$$= \sum_{s_1,s_2,\cdots,s_{t-1}} \frac{A_{is_1}k_{s_1}^\alpha}{\sum_{l_1} A_{il_1}k_{l_1}^\alpha} \frac{A_{s_1s_2}k_{s_2}^\alpha}{\sum_{l_2} A_{s_1l_2}k_{l_2}^\alpha} \cdots \frac{A_{s_{t-1}j}k_j^\alpha}{\sum_{l_t} A_{s_{t-1}l_t}k_{l_t}^\alpha} \quad (5.40)$$

同様にノード j にいるウォーカーがノード i に t ステップで到達する確率 $p_{ji}(t)$ も基本遷移から求めることができる.

$$p_{ji}(t) = \sum_{s_1,s_2,\cdots,s_{t-1}} \frac{A_{js_1}k_{s_1}^\alpha}{\sum_{l_1} A_{jl_1}k_{l_1}^\alpha} \frac{A_{s_1s_2}k_{s_2}^\alpha}{\sum_{l_2} A_{s_1l_2}k_{l_2}^\alpha} \cdots \frac{A_{s_{t-1}i}k_i^\alpha}{\sum_{l_t} A_{s_{t-1}l_t}k_{l_t}^\alpha} \quad (5.41)$$

式 (5.40) と式 (5.41) の共通因子を比べることで, 次の詳細つり合い条件を得る.

$$\frac{\sum_m A_{im}k_m^\alpha}{k_j^\alpha} p_{ij}(t) = \frac{\sum_n A_{jn}k_n^\alpha}{k_i^\alpha} p_{ji}(t) \quad (5.42)$$

十分長い時間が経過した後, つまり $t \to \infty$ のとき, 初期状態には依存しなくなることが上で述べたことから分かる.

$$\frac{\sum_m A_{im}k_m^\alpha}{k_j^\alpha} p_j(\infty) = \frac{\sum_n A_{jn}k_n^\alpha}{k_i^\alpha} p_i(\infty)$$

$$\longleftrightarrow \quad \frac{p_i(\infty)}{k_i^\alpha \sum_m A_{im}k_m^\alpha} = \frac{p_j(\infty)}{k_j^\alpha \sum_n A_{jn}k_n^\alpha} \quad (5.43)$$

出発点と到達点のノード i と j は任意なので, 式 (5.43) の両辺は定数値をとることが分かる. ゆえに, 十分長い時間が経過した後, ノード i にウォーカーが滞在している確率 $p_i(\infty)$ は

$$p_i(\infty) \sim k_i^\alpha \sum_m A_{im}k_m^\alpha \quad (5.44)$$

となる. $\alpha=0$ のときは, 重みなし線形輸送過程の結果と同じで $p_i \sim k_i$ となる. 重みなしのときと異なるのはノード i の定常状態に, 隣接ノードとの局所的なつながりが現れてくることである. たとえば, $\alpha=1$ のとき, ネットワークの次数相関性を表す最近接平均次数 $k_{nn}(k)$ が定常分布に現れる.

$$p_i \sim k_i^2 \frac{1}{k_i} \sum_m A_{im}k_m$$

$$= k_i^2 k_{nn}(k_i) \tag{5.45}$$

同様にして一般の α に対しても最近接ノードの次数の α 次のモーメントが現れることになる．

このように次数に α というべきの重みを加えるだけで，定常分布がさまざまな振る舞いをすることが分かった．他にも重みなし線形輸送過程の拡張は多数存在する．本節では，次数についての重みを考えたがリンクに流量の情報があるネットワークにおいては，リンクの流量に応じて分配比率を決めるような輸送も考えられる．必ずしも輸送過程はここに示したものだけではないので，データの性質に即して自らモデル化していくことが望ましい．

渡邊–高安–高安モデル

ネットワーク上をランダムに歩き回る仮想的なウォーカーはノードの優位性を見出すツールとして有用であるが，そのウォーカー自体に実体的な意味はなかった．しかし，線形輸送過程はウォーカーに具体的な意味を持たせることができ，さまざまなネットワーク上の流れを記述するモデルとなることを紹介する．

線形輸送過程の例として，企業間のお金の流れを考えるモデルがある [22,58]．まず，企業 A と企業 B の発注受注の有無を有向リンクとした企業間取引ネットワークを考える．さらに，ここではウォーカーをお金と見なし，遷移確率に比例するお金の流れを想定する．これによって，企業間のお金の流れを表す一つの簡単なモデルができる．渡邊–高安–高安らは，重み付きの線形輸送過程をこのように読み替えることで，企業間のお金の流れを説明した．

企業間取引ネットワークは，べき指数 1.3 の次数分布をもつスケールフリーネットワークである [22,58]．一方で，企業の売上の分布はべき指数 1.0 のべき分布であることが知られている [23,29]．売上の分布は，年度や国を超えて普遍的に観測されている定常的な分布であると考えられる．次数分布がべき指数 1.3 のスケールフリーネットワーク上で，べき指数 1.0 のべき分布に従う輸送の定常状態を表すためには，どのような輸送モデルを考えればよいだろうか．

たとえば，ネットワーク上の隣接企業にお金が等分配される重みなし線形輸送過程であると仮定すると，式 (5.37) から定常状態におけるお金の量 (ウォーカーの滞在確率 = ウォーカーの量) は，企業の取引数 (次数) に比例する．

$$p_i \sim k_i \tag{5.46}$$

つまり，次数分布のべき指数 1.3 と同じべき指数を持つ輸送の定常分布が発現することになる．次数分布の 1.3 と売上分布の 1.0 の非自明な関係は，重み付きの線形輸送過程ならば，実現できると期待できる．

渡邊–高安–高安らは企業間のお金の流れの基礎輸送方程式を $\alpha=1$ の隣接ノードの入次数で決まる重み付き線形輸送で表した．ウォーカーの全数 $\sum p_i$ が全企業の売上の総額となるよう，散逸と注入のパラメータは $r=0.95$, $f=1.33 \times 10^5$ とした．

$$p_i(t+1) = r \sum_j \frac{A_{ji} k_i^{(\text{in})}}{\sum_t A_{jt} k_t^{(\text{in})}} p_j(t) + F \tag{5.47}$$

この輸送方程式の定常分布は，観測されたべき指数 1.0 の売上分布を実際の企業間ネットワーク上で良く再現する．さらには，企業 i の売上の実データと，企業 i に対応するノード i に滞在しているウォーカーの数を比較すると，実際の売上の値をウォーカーの数がよく再現していることがわかる (図 5.24).

このモデルは，企業の売上がネットワークの構造からある程度推定できることを示唆している．同時にこのようなモデルを構成すると，たとえばネットワーク上でお金がどのように巡り，どこにどれだけ溜まりやすいかを議論することができる．もちろん，実際のデータを解析するだけでも，この程度のことはわかるかもしれないが，流れを再現するモデルを作ることのメリットは，シミュレーションができるようになることである．たとえば，大規模倒産 (ノードの消滅) や取引停止 (リンクの消滅) 時の被害推定や，どの企業にどれだけの支援をすれば，対象の地方や産業にお金が行き渡るかを計算機上で知ることができるのである [58, 59]. もちろん，データを精緻に再現するためには，細かい部分の調整やデータの細かい解析によるモデルの改編をしていかなければならない．このお金の輸送モデルは，田村–高安–高安らにより，非線形性を持つモデルへと拡張されている [23].

非線形輸送過程

重みなし・重み付き線形輸送はどちらも輸送の時間発展の過程で遷移行列は不変であった．初期に定義される遷移行列の固有値が，システムが収束するか

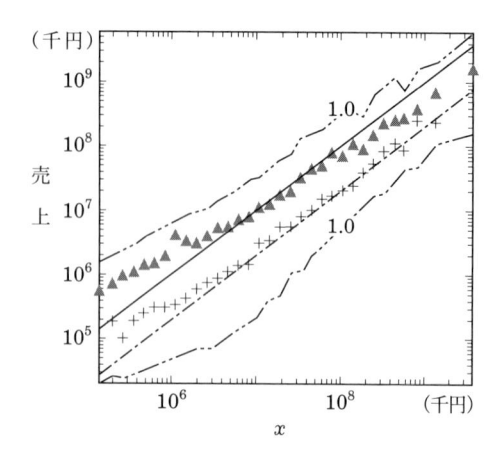

図 5.24　渡邊らによる重み付き線形輸送過程の，実際の企業間取引関係ネットワークでの定常解 (横軸) と企業の売上 (縦軸) の比較．x 軸を区間に分け，区間内の平均で表したもの (▲)，中央値をとったもの (+)．実線は $y=x$ となる直線 (出典：H. Watanabe, H. Takayasu, M. Takayasu, "Biased diffusion on Japanese inter-firm trading network: Estimation of sales from network structure", *New J. Phys.*, **14** (2012) 043034. ⓒ IOP Publishing & Deutsche Physikalische Gesellschaft. CC BY-NC-SA).

否か，また収束の速さを決めていて，輸送のすべての情報を含んでいる．さらに，初期状態 A と初期状態 B が定常分布 P に収束するならば，初期状態 $A+B$ も定常分布 P に収束する線形性という性質も持っている．このような輸送は線形輸送と呼ばれ，任意の初期値を与えても，時間発展は遷移行列だけで決まるため理論解析が容易である．

しかし，このような性質を排除した輸送も考えることができる．我々は，遷移行列に次数の関数やリンクの太さを考慮して拡張してきたが，どれも線形性を保ったままであることにかわりはなかった．非線形輸送とは，初期状態 A と初期状態 B が定常分布 P に収束しても，初期状態 $A+B$ が定常分布 P に収束するとは限らないという性質をもった輸送である．非線形輸送は，理論計算が非常に複雑になり，また，現象の本質を残しつつどのように拡張するべきかという点が難しい．

最近，社会現象の中で，このような非線形輸送が実現していると思われる例が多数発見されている．国家間の貿易 [60,61]，都市間の人の移動 [62] や企業間取引 [23] などでは，重力型相互作用というニュートンの万有引力を一般化

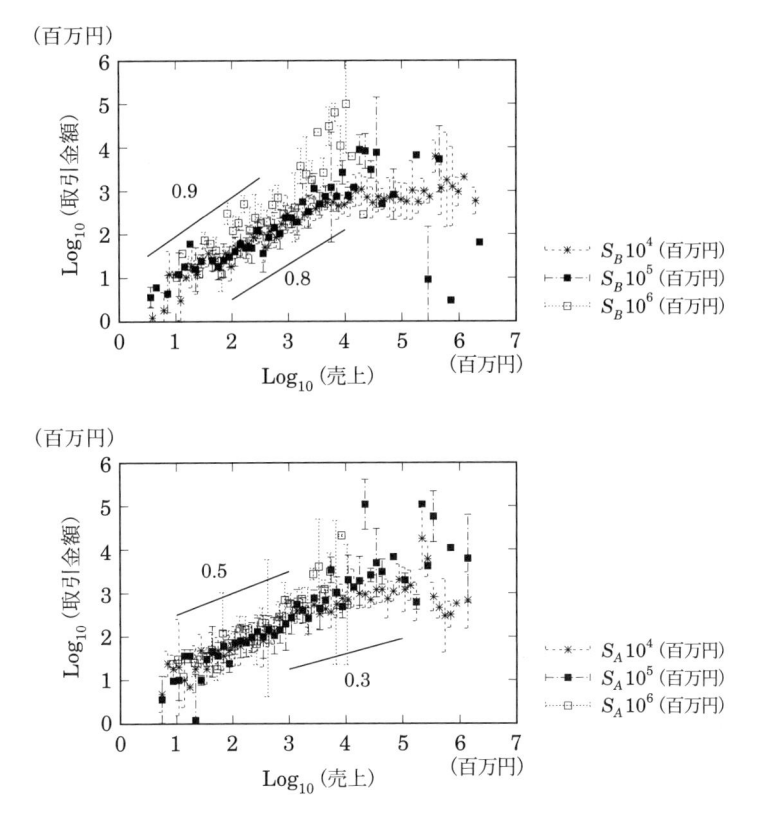

図 **5.25** 企業間の取引では取引金額が発注社 A の売上 S_A と受注社 B の売上 S_B の積で決まるような相互作用が働く．受注社側の売上の規模でカテゴライズして取引金額と発注社側の売上との関係を見たもの (上)．発注社側の売上の規模でカテゴライズして取引金額と受注社側の売上との関係を見たもの (下) (出典：K. Tamura, W. Miura, H. Takayasu, S. Kitajima, H. Goto, and M. Takayasu, "Estimation of flux between interacting nodes on huge inter-firm networks", *Int. J. Mod. Phys. Conf. Ser.*, **16**, 93-104 (2012)).

したような形の非線形相互作用をもとに輸送方程式を構成することが試みられている．

　企業間取引で観測された非線形性は田村–高安–高安らによって発見された．取引が存在する企業 A, B 間の取引金額 f_{AB} は，発注社の売上 S_A と受注社の売上 S_B で次のように表される [23]．

$$f_{AB} \propto S_A^\alpha S_B^\beta \tag{5.48}$$

ここで, α, β は発注社と受注社の取引金額決定への影響力のようなパラメータであり, 企業間取引の場合, 実データから推定される最適のパラメータは $\alpha=0.9, \beta=0.3$ である (図 5.25). 国家間の貿易, 都市間の人の移動なども, α と β の値を変えた形で表される.

たとえば, この相互作用をもとに何らかの重み Q_i を用いて輸送方程式を得たとする.

$$p_i(t+1) = r \sum_j \frac{A_{ji} Q_i}{\sum_t A_{jt} Q_t} p_j(t) + F \tag{5.49}$$

この輸送方程式はこれまでと似た表式だが, r や F がある値の範囲のときは線形輸送とほぼ同等の性質を持つが, パラメータによっては初期値に依存する複雑な振るまいを示す. 一般に Q_i は時間 t などの関数で輸送の時間発展とともに刻々と変わる. このため, 遷移行列の性質は時間とともに変わり, 非線形性が現れるのである. 解析は大変困難になるが, モデルが本質を忠実に再現したものなら, その性質を詳しく知ることは応用上重要な課題となる.

演 習 問 題

演習問題で必要となるデータ, 解答や追加の情報などは, 本書の Web サイト (http://www.smp.dis.titech.ac.jp/book_bigdata.html) を参照.

|問題 5.8.1| ページランクの定常解

実際の大規模ネットワークに対して, ページランク (重みなし線形輸送過程) を計算する.

(1) 縦軸にノード i のページランク p_i, 横軸に入次数 $k_i^{(\mathrm{in})}$ の散布図を作れ.
(2) 式 (5.37) が成り立っていることを確認せよ.

ページランクは次数とほぼ同じ量であることを確認したことになる.

|発展問題 5.8.2| 重み付き線形輸送過程の定常解

始めにネットワークから次数相関を取り除くためにランダマイズする.

(1) 式 (5.38) の遷移行列で定義される重み付き線形輸送過程を実装せよ．
(2) 重み $\alpha = 0, 0.5, 1.0, -1.0$ の場合の定常解を求め，それぞれ縦軸にノード i の定常解 p_i，横軸に入次数 $k_i^{(\mathrm{in})}$ の散布図を作れ．
(3) 式 (5.45) が成り立っていることを確認せよ．

発展問題 5.8.3 モンテカルロシミュレーション

与えられたネットワークに対して，定常解を知りたいだけであれば，いままでの方法で十分であった．しかし，実際にウォーカーがどのような経路をたどったかを知るためにはモンテカルロシミュレーションを要する．

(1) 始め $t=0$ にノード i にウォーカーを一つ置き，各時間ごとに隣のノード j に式 (5.38) で定義される確率で遷移させる (たとえば，$\alpha = 0, 0.5, 1.0, -1.0$)．
(2) 各時刻 t にウォーカーがいたノードを記録する (経路の記録)．
(3) 十分長い時間 T ($T \gg$ ノード数) の後，縦軸にノード i を訪れた回数 $/T$，横軸にノード i の次数をプロットし，発展問題 5.8.2 と同じ結果になることを確認せよ．
(4) 各時刻 t に全ノードのうち異なるノードにどれだけ訪れたか (始めは $1/N$ となり，すべてを回ると $N/N = 1$ になる) を記録する．これを開拓率や被覆率という．縦軸に開拓率，横軸に時刻を取りプロットせよ．

さらに進んだ内容を学ぶために

本書を読み終えて，さらに深い内容や分野の広がりを知りたい人のために，文献をいくつか挙げておく．すでに確立した標準的な事柄については，論文や書籍を引用するのではなく，まとめられている書籍を紹介する．

第 1 章，第 2 章

開発環境を整え，初歩的なデータ処理を身に付けるために役立つ書籍は次のようなものがある．さまざまなコマンドや関数のレファレンス，プログラミング言語の構造などを知りたい場合には参照してほしい．

□ **UNIX 周辺の解説書**
- 林 晴比古著『改訂 新 Linux/UNIX 入門』，ソフトバンククリエイティブ (2004)
- ブルース・ブリン著，山下哲典訳『入門 UNIX シェルプログラミング──シェルの基礎から学ぶ UNIX の世界 改訂第 2 版』，ソフトバンククリエイティブ (2003)

□ **C 言語に関する解説書**
- 柴田望洋著『新版 明解 C 言語 入門編』，ソフトバンククリエイティブ (2004)
- ハーバート・シルト著，トップスタジオ訳，柏原正三監修『独習 C 第 4 版』，翔泳社 (2007)
- 河西朝雄著『C 言語によるはじめてのアルゴリズム入門 改訂第 3 版』，技術評論社 (2008)

□ **R に関する解説書**
- 舟尾暢男著『The R Tips──データ解析環境 R の基本技・グラフィックス活用集』，オーム社 (2009)

- 赤間世紀著『やさしい R 入門 — 初歩から学ぶ R 統計分析』, カットシステム (2011)

☐ 第 1 章, 第 2 章で触れた内容に関する書籍
- 山本昌志著『gnuplot の精義 — フリーの高機能グラフ作成ツールを使いこなす 第 2 版』, カットシステム (2013)
- ジェフリー・E・F・フリードル著, 株式会社ロングテール, 長尾高弘訳『詳説 正規表現 第 3 版』, オライリージャパン (2008)

第 3 章

数値計算の原理や統計学の詳細については, さまざまな書籍がある.

☐ 第 1 節：数値計算の原理や実験学について
- 佐藤次男, 中村理一郎著, 戸川隼人, 永坂秀子監修『よくわかる数値計算 — アルゴリズムと誤差解析の実際』, 日刊工業新聞社 (2001)

☐ 第 2 節以降　確率・統計学を深く学びたい場合には, 次の書籍がよい.
- 稲垣宣生著『数理統計学 改訂版』, 裳華房 (2003)
- L. Wasserman, *All of Statistics : A Concise Course in Statistical Inference*, Springer (2004)
- W. フェラー著, 河田龍夫監訳, 卜部舜一, 矢部真, 池守昌幸, 大平坦, 阿部俊一訳『確率論とその応用』, 紀伊國屋書店 (1960)

☐ 第 4 節　乱数については, 次の書籍が有名である.
- 宮武 修, 脇本和昌著『乱数とモンテカルロ法』, 森北出版 (2007)
- 四辻哲章著『計算機シミュレーションのための確率分布乱数生成法』, プレアデス出版 (2010)

時系列について解析方法や性質を深く知りたい場合は次の書籍を参照してほしい.
- J. D. ハミルトン著, 沖本竜義, 井上智夫訳『時系列解析〈上〉定常過程編』, シーエーピー出版 (2006)
- J. D. ハミルトン著, 沖本竜義, 井上智夫訳『時系列解析〈下〉非定常/応用定常過程編』, シーエーピー出版 (2006)

- 北川源四郎著『時系列解析入門』, 岩波書店 (2005)
- 田中孝文著『R による時系列分析入門』, シーエーピー出版 (2008)
- 沖本竜義著『経済・ファイナンスデータの計量時系列分析』, 朝倉書店 (2010)

□ 第 6 節　一般的な検定が述べられている本は，次のようなものがある．

- 前野昌弘著『知識ゼロでもわかる統計学 仮説を検証し母集団を調べる 検定・推定超入門』, 技術評論社 (2011)
- 上田拓治著『44 の例題で学ぶ統計的検定と推定の解き方』, オーム社 (2009)
- 豊田秀樹著『検定力分析入門 — R で学ぶ最新データ解析』, 東京図書 (2009)
- 東京大学教養学部統計学教室編『統計学入門 (基礎統計学 I)』, 東京大学出版会 (1991)

□ 第 3 章で触れた内容に関する書籍

- ベノワ・B・マンデルブロ, リチャード・L・ハドソン著, 高安秀樹監訳, 雨宮絵理, 高安美佐子, 冨永義治, 山崎和子訳『禁断の市場 フラクタルでみるリスクとリターン』, 東洋経済新報社 (2008)
- 増川純一, 水野貴之, 村井浄信, 尹熙元著『株価の経済物理学』, 培風館 (2011)
- 岩沢宏和著『リスクを知るための確率・統計入門』, 東京図書 (2012)
- D. Sornette, *Critical Phenomena in Natural Sciences: Chaos, Fractals, Selforganization and Disorder: Concepts and Tools*, 2nd edition, Springer (2006)

第 4 章

多変数に基づいたデータ解析を行いたい場合は，多変量解析や回帰分析の書籍を参照するとよい．多くの良書が存在する．

□ 多変量解析について

- 兼子毅著『R で学ぶ多変量解析』, 日科技連出版社 (2011)

- 中村永友著，金明哲編『多次元データ解析法』，共立出版 (2009)
- 柳井晴夫著『多変量データ解析法 ─ 理論と応用』，朝倉書店 (1994)
- 石村貞夫著『すぐわかる多変量解析』，東京図書 (1992)

□ 回帰分析について
- 佐和隆光著『回帰分析』，朝倉書店 (1979)
- 柳井晴夫著『多変量データ解析法 ─ 理論と応用』，朝倉書店 (1994)

□ 第 4 章で触れた内容に関する書籍について
- 高安美佐子著『ソーシャルメディアの経済物理学 ─ ウェブから読み解く人間行動』，日本評論社 (2012)
- 高安秀樹，高安美佐子著『エコノフィジックス ─ 市場に潜む物理法則』，日本経済新聞社 (2001)
- 杉原正顯，高安美佐子，和泉潔，佐々木顕，杉山雄規著『計算と社会』，岩波講座計算科学第 6 巻，岩波書店 (2012)
- 坂元慶行，石黒真木夫，北川源四郎著，北川敏男編『情報量統計学』，共立出版 (1983)
- 小西貞則，北川源四郎著『情報量規準 (シリーズ・予測と発見の科学 2)』，朝倉書店 (2004)

第 5 章

複雑ネットワークの書籍は，大きく分けて数理的な解析に焦点を当てたものと，ネットワーク解析で用いられるアルゴリズムに注目したものとがある．

□ 数理的な視点から解説した書籍
- 増田直紀，今野紀雄著『複雑ネットワーク ─ 基礎から応用まで』，近代科学社 (2010)
- 矢久保考介著，北海道大学数学連携研究センター編『複雑ネットワークとその構造』，共立出版 (2013)
- リック・デュレット著，竹居正登，井手勇介，今野紀雄訳『ランダムグラフダイナミクス ─ 確率論からみた複雑ネットワーク』，産業図書 (2011)
- M. E. J. Newman, *Networks: An Introduction*, Oxford University Press (2010)

□ アルゴリズムに注目した書籍
- アラン・ドーラン，ジョン・オールダス著，大石泰彦訳『よくわかるネットワークのアルゴリズム』，日本評論社 (2003)
- ロバート・セジウィック著，野下浩平，星守，佐藤創，田口東訳『アルゴリズム C++』，近代科学社 (1994)

参考文献

第 1 章，第 2 章

[1] "Gartner Says Solving 'Big Data' Challenge Involves More Than Just Managing Volumes of Data", http://www.gartner.com/newsroom/id/1731916

[2] 高安秀樹著『経済物理学の発見』，光文社 (2004)

[3] 青山秀明，家富 洋，池田裕一，相馬 亘，藤原義久著『経済物理学』，共立出版 (2008)

[4] 高安美佐子著『ソーシャルメディアの経済物理学 —— ウェブから読み解く人間行動』，日本評論社 (2012)

[5] ハーバート・シルト著，トップスタジオ訳，柏原正三監修『独習 C 第 4 版』，翔泳社 (2007)

[6] 舟尾暢男著『The R Tips —— データ解析環境 R の基本技・グラフィックス活用集 第 2 版』，オーム社 (2009)

[7] 山本昌志著『gnuplot の精義 —— フリーの高機能グラフ作成ツールを使いこなす 第 2 版』，カットシステム (2013)

[8] ジェフリー・フリードル著，株式会社ロングテール，長尾高弘訳『詳説 正規表現 第 3 版』，オライリー・ジャパン (2008)

第 3 章

[9] M. Matsumoto and T. Nishimura, "Mersenne twister: A 623-dimensionally equidistributed uniform pseudorandom number generator", *ACM Transactions on Modeling and Computer Simulation*, 8, Issue 1, 3-30 (1998)

[10] 高安美佐子「金融市場 —— 経済物理学の観点から」，杉原正顯，高安美佐子，和泉 潔，佐々木顕，杉山雄規著『計算と社会』岩波講座 計算科学 第 6 巻，第 2 章，岩波書店，7-67 (2012)

[11] M. Takayasu and H. Takayasu, "Fractals and Economics", in *Complex Systems in Finance and Econometrics* Editor-in-chief, R. A. Meyers, Springer, 444-463 (2011)

[12] V. Pareto, "Cours d'Economie Politique", Nouvelle édition par G.-H. Bousquet et G. Busino, Librairie Droz, 299-345 (1964)

[13] George K. Zipf, "The Psycho-biology of Language", Houghton Mifflin;

Boston (1935)

[14] H. Takayasu, A. Sato, and M. Takayasu, "Stable Infinite Variance Fluctuations in Randomly Amplified Langevin Systems", *Physical Review Letters*, 79, 6, 966-969 (1997)

[15] A. Sato and H. Takayasu, "Segmentation procedure based on Fisher's exact test and its application to foreign exchange rates", arXiv:1309.0602 (2013)

[16] Y. Yura, T. Ohnishi, K. Yamada, H. Takayasu, and M. Takayasu, "Replication of Non-Trivial Directional Motion In Multi-Scales Observed By The Runs Test", *International Journal of Modern Physics: Conference Series*, 16, 136-148 (2012)

[17] A. Clauset, C. R. Shalizi, and M. E. J. Newman, "Power-law distributions in empirical data", *SIAM Review*, 51, 661-703 (2009)

第4章

[18] R. N. Mantegna, "Hierarchical structure in financial markets", *European Physical Journal B*, 11, 193-197 (1999)

[19] T. Mizuno, H. Takayasu, and M. Takayasu, "Correlation Networks among Currencies", *Physica A*, 364, 336-342 (2006)

[20] S. Wright, "The method of path coefficients", *Annals of Mathematical Statistics*, 5, 161-215 (1934)

第5章

[21] M. E. J. Newman, "Assortative mixing in networks", *Physical Review Letters*, 89, 208701 (2002)

[22] H. Watanabe, H. Takayasu, and M. Takayasu, "Biased diffusion on the Japanese inter-firm trading network: Estimation of sales from the network structure", *New Journal of Physics*, 14, 043034 (2012)

[23] K. Tamura, W. Miura, M. Takayasu, H. Takayasu, S. Kitajima, and H. Goto, "Estimation of flux between interacting nodes on huge inter-firm networks", *International Journal of Modern Physics: Conference Series*, 16, 93-104 (2011)

[24] M. E. J. Newman, "Mixing patterns in networks", *Physical Review E*, 67, 026126 (2003).

[25] R. Pastor-Satorras, A. Vázquez, and A. Vespignani, "Dynamical and correlation properties of the Internet", *Physical Review Letters*, 87, 258701 (2001)

[26] S. Milgram, "The small-world problem", *Psychology Today*, 1, 61-67 (1967)

[27] 株式会社ミクシィ, "mixiのスモールワールド性の検証", http://alpha.mixi.co.jp/2008/10643/ (2008)

[28] J. Ugander, B. Karrer, L. Backstrom, and C. Marlow, "The Anatomy of the Facebook Social Graph", arXiv:1111.4503 (2011)

[29] M. Takayasu , H. Iyetomi, T Iino, Y. Kobayashi, K. Kamehama, Y. Ikeda, H. Takayasu, and K. Watanabe, "Massive Economics Data Analysis by Econophysics Method-The case of companies' network structure", *Annual Report of the Earth Simulator Center April 2007-March 2008*, 263-268 (2007)

[30] R. Milo , S. Shen-Orr, S. Itzkovitz, N. Kashtan, D. Chklovskii, and U. Alon, "Network Motifs: Simple Building Blocks of Complex Networks", *Science*, 298, 824-827 (2002)

[31] T. Ohnishi , H. Takayasu, and M. Takayasu, "Network motifs in an inter-firm network", *Journal of Economic Interaction and Coordination*, 5, 171-180 (2010).

[32] A.-L. Barabási and R. Albert, "Emergence of Scaling in Random Networks", *Science*, 286, 509-512 (1999)

[33] H. Jeong, S. P. Mason, A.-L. Barabasi, and Z. N. Oltvai, "Lethality and centrality in protein networks", *Nature*, 411, 41-42 (2001)

[34] R. Albert and A.-L. Barabasi, "Statistical mechanics of complex networks", *Reviews of Modern Physics*, 74, 47-97 (2002)

[35] G. Bagler, "Analysis of the airport network of India as a complex weighted network", *Physica A: Statistical Mechanics and its Applications*, 387, 2972-2980 (2008)

[36] W. Miura, H. Takayasu, and M. Takayasu, "Effect of coagulation of nodes in an evolving complex network", *Physical Review Letters*, 108, 168701, (2012)

[37] S. N. Dorogovtsev, J. F. F. Mendes, and A. N. Samukhin, "Structure of Growing Networks with Preferential Linking", *Physical Review Letters*, 85, 4633-4636 (2000)

[38] P. Holme and B. J. Kim, "Growing scale-free networks with tunable clustering", *Physical Review E*, 65, 026107 (2002)

[39] P. Erdös and A. Réyni, "On Random Graphs, I", *Publicationes Mathematicae*, 6, 290-297 (1959)

[40] D. J. Watts and S. H. Strogatz, "Collective dynamics of 'small-world' net-

works", *Nature*, 393, 440-442 (1998)

[41] P. Bonacich, "Factoring and weighting approaches to status scores and clique identification", *Journal of Mathematical Sociology*, 2, 113-120 (1972)

[42] G. Pinski and F. Narin, "Citation influence for journal aggregates of scientific publications: Theory, with application to the literature of physics", *Information Processing & Management*, 12, 297-312 (1976)

[43] S. Brin and L. Page, "The anatomy of a large-scale hypertextual (web) search engine", *Computer Network and ISDN Systems*, 30, 107-117 (1998)

[44] J. M. Kleinberg, "Authoritative sources in a hyperlinked environment", *Journal of the ACM*, 46, 604-632 (1999)

[45] M. E. J. Newman, "Modularity and community structure in networks", *Proceedings of the National Academy of Sciences of the United States of America*, 103, 8577-8582 (2006)

[46] S. Fortunato, "Community detection in graphs", *Physics Reports*, 486, 75-174 (2010)

[47] M. M. Kessler, "Bibliographic coupling between scientific papers", *American Documentation*, 14, 10-25 (1963).

[48] H. Small, "Co-citation in the scientific literature: a new measure of the relationship between two documents", *Journal of the American Society for Information Science*, 24, 265-269 (1973)

[49] R. E. Tarjan, "Depth-first search and linear graph algorithms", *SIAM Journal on Computing*, 1, 146-160 (1972)

[50] J. E. Hopcroft and R. E. Tarjan, "efficient algorithms for graph manipulation", *Communications of the ACM*, 16, 372-378 (1973)

[51] Y. Sano, K. Yamada, H. Watanabe, H. Takayasu, and M. Takayasu, "Empirical analysis of collective human behavior for extraordinary events in the blogosphere", *Physical Review E*, 87, 012805 (2013)

[52] J. Mathiesen, L. Angheluta, Peter T. H. Ahlgren, and M. H. Jensen, "Excitable human dynamics driven by extrinsic events in massive communities", *Proceedings of the National Academy of Sciences of the United States of America*, 110, 17259-17262 (2013)

[53] B. J. Coburn, B. G. Wagner, and S. Blower, "Modeling influenza epidemics and pandemics: insights into the future of swine flu (H1N1)", *BMC Medicine*, 7:30 (2009).

[54] K. L. Nichol, K. Tummers, A. Hoyer-Leitzel, J. Marsh, M. Moynihan, and S. McKelvey, "Modeling Seasonal Influenza Outbreak in a Closed College Campus: Impact of Pre-Season Vaccination, In-Season Vaccination and Holidays/Breaks", *PLoS ONE*, 5, e9548 (2009)

[55] P. Bak, K. Chen, and C. Tang, "A forest-fire model and some thoughts on turbulence", *Physics Letters A*, 147, 297-300 (1990)

[56] H. Kawamoto, K. Tamura, H. Takayasu, and M. Takayasu, "Importance of Bridges in the Structure of Complex Networks", *Proceedings of The Asia Pacific Symposium on Intelligent and Evolutionary Systems Kyoto Japan* (ISBN978-4-99066920-1), 99-104 (2012)

[57] E. Viegas, M. Takayasu, W. Miura, K. Tamura, T. Ohnishi, H. Takayasu, and H. J. Jensen, "Ecosystems perspective on financial networks: Diagnostic tools", *Complexity*, 19, 22-36 (2013)

[58] K. Tamura, W. Miura, H. Takayasu, S. Kitajima, H. Goto, and M. Takayasu, "Money-Transport on a Japanese Inter-firm Networks: Estimating sales from the adjacency matrix", *Proceedings of The Asia Pacific Symposium of Intelligent and Evolutionary Systems 2012*, ISBN978-4-9906692-0-1, 105-110 (2012)

[59] 朝日新聞 2013 年 2 月 7 日 (朝刊), 30

[60] R. Feenstra, *Advanced International Trade: Theory and Evidence*, Princeton University Press (2003)

[61] J. E. Anderson, "A theoretical foundation for the gravity equation", *American Economic Review*, 69, 106-116 (1979)

[62] D. Card, "Immigrant inflows, native outflows, and the local labor market impacts of higher immigration", *Journal of Labor Economics*, 19, 22-64 (2001)

索引

● アルファベット
AIC　　　　　　　　　　　　151
ARCH モデル　　　　　　　　89
AR モデル　　　　　　　　　88
awk　　　　　　　　　　　　40
BA モデル　　　　　　　178, 184
calloc　　　　　　　　　　　24
cat　　　　　　　　　　　　36
cd　　　　　　　　　　　　 11
chmod　　　　　　　　　　　17
cp　　　　　　　　　　　　 13
Cygwin　　　　　　　　　　 4
Cytoscape　　　　　　　　 165
C 言語　　　　　　　　　　　19
echo　　　　　　　　　　　 17
for ループ　　　　　　　　　23
GARCH モデル　　　　　　　89
gnuplot　　　　　　　　　7, 29
grep　　　　　　　　　　　 45
head　　　　　　　　　　　 37
HITS アルゴリズム　　　　　199
igraph　　　　　　　　　　166
less　　　　　　　　　　　 36
ls　　　　　　　　　　　　 10
MacPorts　　　　　　　　　 5
malloc　　　　　　　　　　 24
man　　　　　　　　　　　 15
mv　　　　　　　　　　　　12
R　　　　　　　　　　　　7, 27
rm　　　　　　　　　　　　14
sed　　　　　　　　　　　　38
sort　　　　　　　　　　　 48

uniq　　　　　　　　　　　 50
wc　　　　　　　　　　　　 38
while ループ　　　　　　　　23

● あ行
異常拡散　　　　　　　　　　85

● か行
回帰係数　　　　135, 136, 147, 149
拡散係数　　　　　　　　　　85
拡散方程式　　　　　　　　　88
確率密度関数 (PDF)　　　　　62
カレントディレクトリ　　　　 9
関節点　　　　　　　　　223, 224
企業間取引ネットワーク　188, 236
クラスタ　　　　　　　　　 174
クラスタ係数　　　　　　　 174
経済物理学　　　　　　　　　 2
計算誤差　　　　　　　　　　55
決定係数　　　　　　　　137, 151
検定統計量　　　　　　　　 109
交絡変数　　　　　　　　　 125
コルモゴロフ–スミルノフ検定　119
コンパイラ　　　　　　　　　19
コンパイル　　　　　　　　　19
コンフィギュレーションモデル　181

● さ行
最近接平均次数　　　　　172, 235
最小全域木 (MST)　　　　141, 168
散布図　　　　　　　　　　 127
シェルスクリプト　　　　　16, 31

自己相関関数	131
次数	160, 162
次数相関	171
次数相関係数	172
次数分布	170
条件付き確率	126, 133
条件付き独立	143
スケールフリー性	178
スケールフリーネットワーク	170
スモールワールド性	175
正規表現	47
絶対パス	9, 11
遷移行列	161, 231
相関行列	140
相関係数	130〜132, 155
相関検定	132
相対パス	9, 11
疎行列	161
疎結晶性	75

● た行
タージャン法	219, 224
ターミナル	5
多重共線性	144, 148
中心極限定理	60, 61, 83
定常過程	59
定常性	59
貪欲法	205

● な行
ネットワークモチーフ	176
ノード間距離	175, 217

● は行
パイプ	49
橋	223, 224, 226
パス係数	154
幅優先探索	210, 216
ヒストグラム法	63, 64

ビッグデータ	1
フィッシャーの正確確率検定	112
深さ優先探索	210
平均場近似	174, 233
ページランク	197, 198, 232
べき指数	92, 103, 121
べき分布	92, 93, 120, 178
変数の標準化	139
偏相関	142
偏相関行列	144
偏相関係数	143, 144

● ま行
三浦–高安–高安モデル	188
メルセンヌツイスタ法	76
モーメント	90
モーメント母関数	90
モジュラリティ	203

● や行
有意確率 (P 値)	109
有意水準	109
優先的接続仮説	184
輸送過程	232, 233, 237
輸送現象	198, 229, 230
要約統計量	101

● ら行
ランダマイズ	193
ランダムウォーク	84, 197
ランダム乗算過程	86
リダイレクト	19, 40
臨界値	109, 110
隣接行列	160
隣接次数分布	170
隣接リスト	161
累積分布関数 (CDF)	66, 68
ルートディレクトリ	9
連	115

連結 (強連結)	*192, 231*
強連結成分 (強連結成分)	*219*
連による検定	*115*

● わ行

ワイルドカード	*15*
渡邊–高安–高安モデル	*236*

[著者]

田村 光太郎 (たむら・こうたろう)　(3 章, 4 章, 5 章)

　東京工業大学大学院総合理工学研究科博士課程 1 年.
　日本学術振興会特別研究員 (2014.4.1〜)

三浦 航 (みうら・わたる)　(1 章, 2 章)

　東京工業大学大学院総合理工学研究科博士課程 3 年.
　日本学術振興会特別研究員 (〜2014.3.31)

[編著者] 高安 美佐子(たかやす・みさこ)

略歴
1987年　名古屋大学理学部卒業.
1993年　神戸大学大学院自然科学研究科修了.
1997年　慶應義塾大学助手.
2000年　公立はこだて未来大学助教授.
現　在　東京工業大学大学院総合理工学研究科准教授.
　　　　博士(理学).

主な著訳書
『ソーシャルメディアの経済物理学』(日本評論社)
『計算と社会』(共著, 岩波書店)
『エコノフィジックス』(共著, 日本経済新聞社)
『経済・情報・生命の臨界ゆらぎ』(共著, ダイヤモンド社)
『フラクタルって何だろう』(共著, ダイヤモンド社)
『鏡の伝説』(共訳, ダイヤモンド社)
『禁断の市場』(共訳, 東洋経済新報社)
　　Econophysics Approaches to Large-Scale Business Data and Financial Crisis (共編, シュプリンガー・ジャパン)

学生・技術者のための ビッグデータ解析入門

2014年6月10日　第1版第1刷発行

編著者	高安美佐子
発行者	串崎　浩
発行所	株式会社　日本評論社

〒170-8474 東京都豊島区南大塚3-12-4
電話　(03) 3987-8621 [販売]
　　　(03) 3987-8599 [編集]

印　刷	藤原印刷
製　本	難波製本
装　幀	溝田恵美子

© Misako Takayasu *et al.* 2014　　Printed in Japan
ISBN978-4-535-78715-5

JCOPY 〈(社)出版者著作権管理機構　委託出版物〉
本書の無断複写は著作権法上での例外を除き禁じられています. 複写される場合は, そのつど事前に, (社)出版者著作権管理機構(電話 03-3513-6969, FAX 03-3513-6979, e-mail: info@jcopy.or.jp)の許諾を得てください. また, 本書を代行業者等の第三者に依頼してスキャニング等の行為によりデジタル化することは, 個人の家庭内の利用であっても, 一切認められておりません.

ソーシャルメディアの経済物理学──ウェブから読み解く人間行動

高安美佐子／編著　■本体2800円＋税／ISBN978-4-535-55678-2／A5判

経済物理学で、人間の行動・心理を解き明かす。統計的な手法を使って、ブログなどの大規模データを解析する。マーケティング予測等に活用する方法も紹介。

実例で学ぶ確率・統計

廣瀬英雄／著　■本体2800円＋税／ISBN978-4-535-78756-8／A5判

身近な話題に関する例題から入り、その背景にある確率・統計の概念を学ぶ。中心極限定理や、ビッグデータ解析で使う回帰も詳述。

EViewsで学ぶ実証分析の方法

北岡孝義・髙橋青天・溜川健一・矢野順治／著

EViewsを操作しながら、より発展的な実証分析の手法を学ぼう。計量経済学の理論的な背景もしっかりと解説。EViews 8 完全対応。

■本体4500円＋税／ISBN978-4-535-55736-9／B5変型判

統計科学の基礎──データと確率の結びつきがよくわかる数理

白石高章／著　■本体2800円＋税／ISBN978-4-535-78700-1／A5判

確率の基礎を出発点に、微積分や行列の知識を補いながら、ノンパラメトリック法まで扱う。随所にある演習問題で理解が深まるよう配慮。

日本評論社　http://www.nippyo.co.jp/